한날 글·그림 / 이젠수학연구소 지음

새 교과서 반영

4학년에게 꼭 필요한

분수와 소수

만화 교과서

이젠교육
EZEN EDUCATION

한날 글·그림

웹툰·이모티콘 캐릭터 작가로 활동하며 캐릭터 그리는 것을 평생의 즐거움으로 살아가고 있습니다. 웹툰 '동물농장'과 '인생다반사'를 연재했으며, 카카오톡 이모티콘 '인생다반사'와 '짤모티콘' 등을 출시하였습니다. 쓰고 그린 책으로는 《읽으면서 바로 써먹는 어린이 영단어》, 《읽으면서 바로 써먹는 어린이 맞춤법》, 《읽으면서 바로 써먹는 어린이 관용구》, 《읽으면서 바로 써먹는 어린이 속담》, 《읽으면서 바로 써먹는 어린이 퀴즈》, 《읽으면서 바로 해보는 어린이 게임》 등이 있습니다.

http://blog.naver.com/ngmspg http://www.instagram.com/hannal_01

이젠수학연구소 지음

이젠수학연구소는 유아에서 초중고까지 학생들이 수학의 바른길을 찾아낼 수 있도록 수학 학습법을 연구하는 이젠교육의 수학 연구소입니다. 수학 실력은 하루아침에 완성되지 않으며, 다양한 경험을 통해 발달합니다. 그길에 친구가 되고자 노력합니다.

4학년에게 꼭 필요한 분수와 소수 (만화 교과서)

초판 1쇄 발행 | 2022년 1월 10일

지 은 이 이젠수학연구소
펴 낸 이 임요병
펴 낸 곳 ㈜이젠교육
출판등록 제 2020-000073호
주 소 서울시 영등포구 양평로 22길 21
코오롱디지털타워 404호
전 화 (02)324-1600
팩 스 (031)941-9611
인스타그램 @ezeneducation
블 로 그 http://blog.naver.com/ezeneducation

@이젠교육
ISBN 979-11-90880-72-5

4학년에게 꼭 필요한

분수와 소수

[만화 교과서]

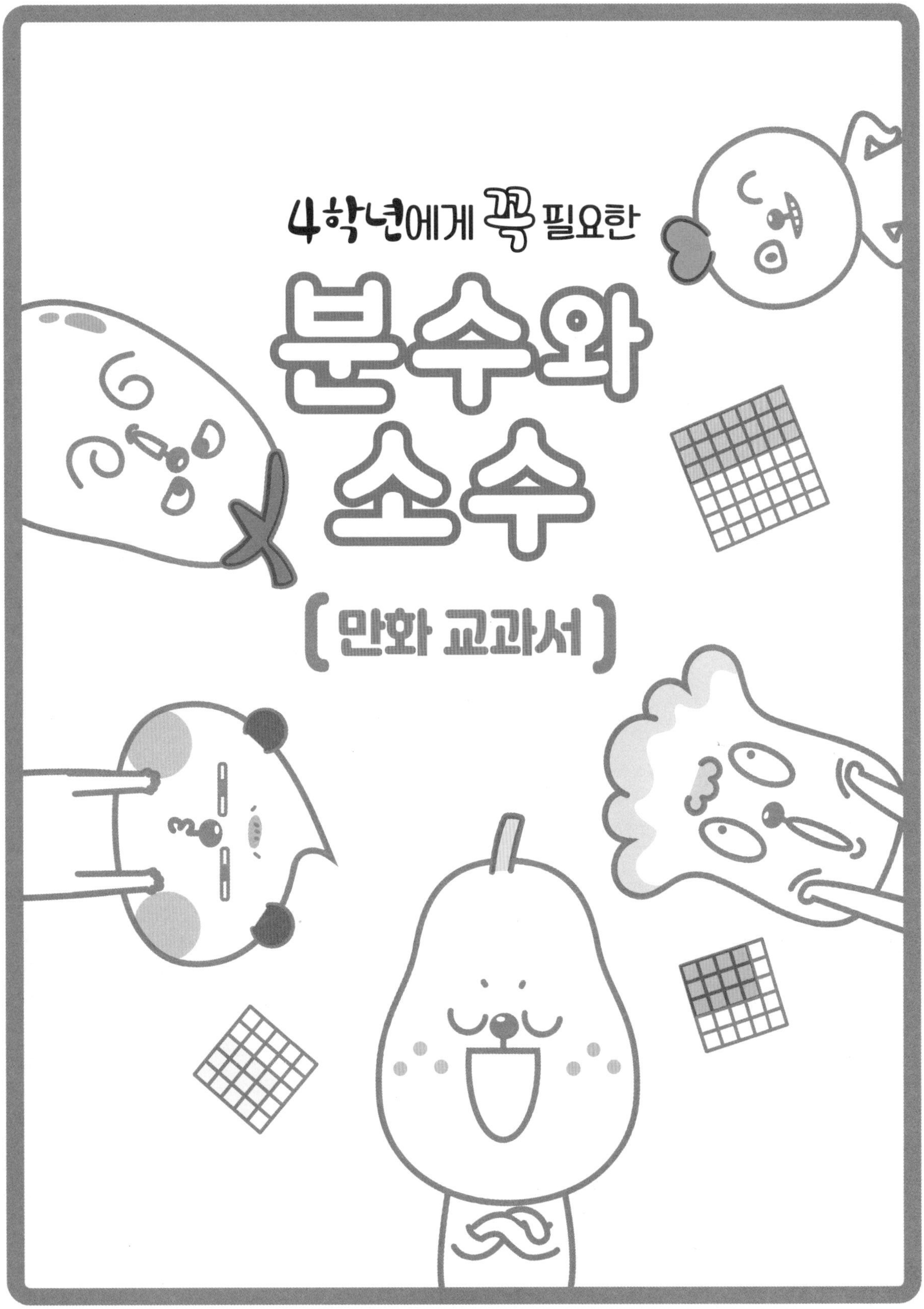

구성과 특징

4학년에게 꼭 필요한
분수와 소수

수학 웹툰 전문 작가의 캐릭터를 활용한 실생활 이야기로

수학에 대한 호기심과 자신감을 키워요.

1 분수와 소수의 덧셈과 뺄셈
02 받아올림이 없는 대분수의 덧셈
끄응.
물을 가지고 오랬더니 쬬배가 왜 이렇게 안 오지?
여기 물 가지고 왔어.
드디어 왔군. 어서 가지고 와.
14
● 무엇을 배울까요? 대분수의 합을 구하는 계산 원리를 이해하고 대분수의 합을 능숙하게 계산하도록 연습 활
● 언제 배울까요? 초등학교 4학년 2학기 분수의 덧셈과 뺄셈. 배워요
왜 이렇게 늦었어? 한참을 기다렸잖아.
물을 준비한다고 늦었어.
방긋
1컵이랑 5분의 3을 들고 왔구나.
응.
자~ 난 너보다 조금 더 많이 준비했어.
씨익
15

학습 포인트 1

수학 교과서 단원의 내용을 실생활 소재를 활용한 만화로 재미있게 읽으면서 수학에 대한 호기심을 가질 수 있습니다.

학습 포인트 2

만화 속 내용과 연결된 수학 교과서 학년과 학기의 단원을 소개하고, 무엇을 배우는지 알 수 있습니다.

캐릭터와 함께하는 주제별 질문식 수학 개념을

쉽고 재미있게 읽으면서 원리를 이해해요!

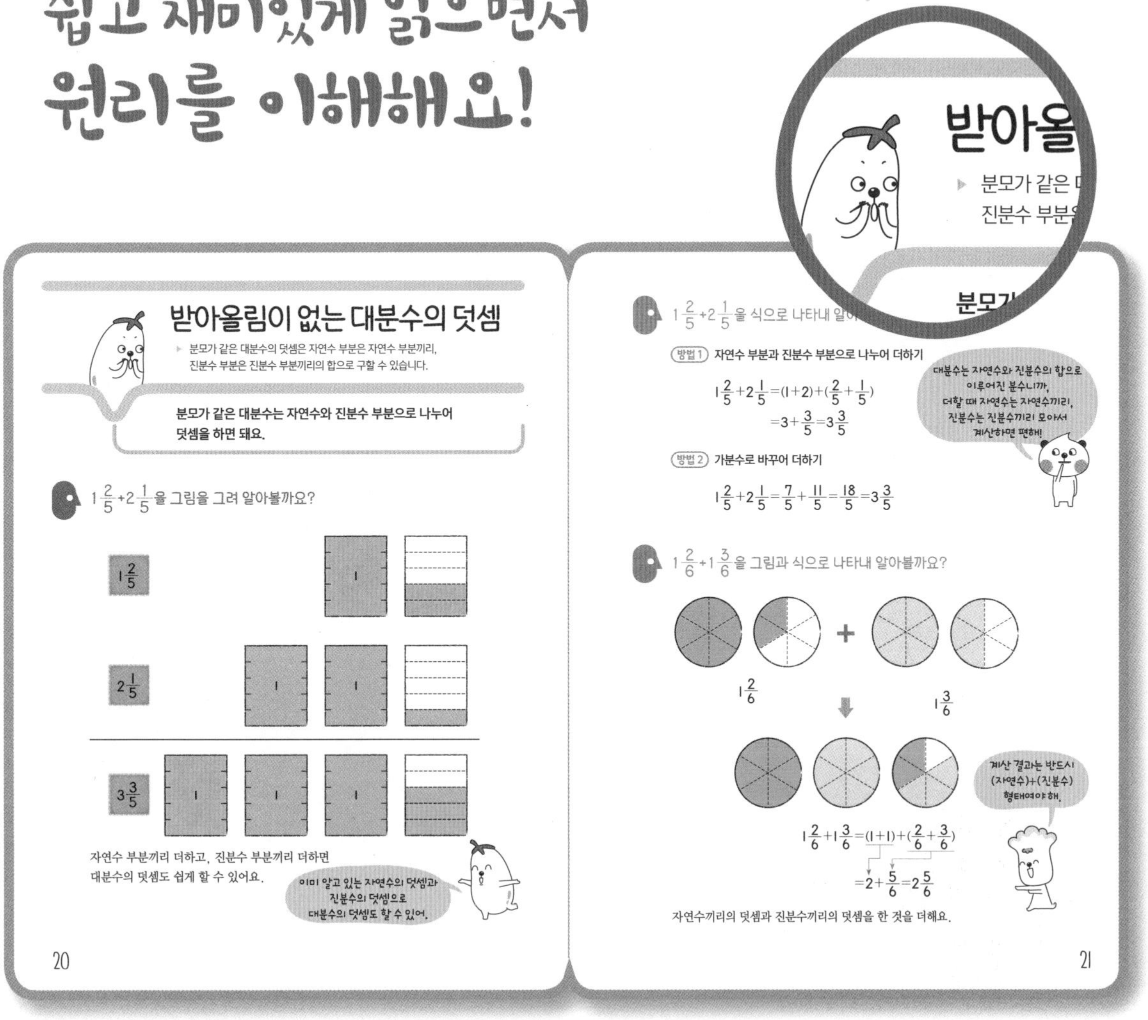

받아올림이 없는 대분수의 덧셈

▶ 분모가 같은 대분수의 덧셈은 자연수 부분은 자연수 부분끼리, 진분수 부분은 진분수 부분끼리의 합으로 구할 수 있습니다.

분모가 같은 대분수는 자연수와 진분수 부분으로 나누어 덧셈을 하면 돼요.

$1\frac{2}{5}+2\frac{1}{5}$을 그림을 그려 알아볼까요?

$1\frac{2}{5}$

$2\frac{1}{5}$

$3\frac{3}{5}$

자연수 부분끼리 더하고, 진분수 부분끼리 더하면 대분수의 덧셈도 쉽게 할 수 있어요.

이미 알고 있는 자연수의 덧셈과 진분수의 덧셈으로 대분수의 덧셈도 할 수 있어.

20

$1\frac{2}{5}+2\frac{1}{5}$을 식으로 나타내 알아볼까요?

방법 1 자연수 부분과 진분수 부분으로 나누어 더하기

$1\frac{2}{5}+2\frac{1}{5}=(1+2)+(\frac{2}{5}+\frac{1}{5})$

$=3+\frac{3}{5}=3\frac{3}{5}$

대분수는 자연수와 진분수의 합으로 이루어진 분수니까, 더할 때 자연수는 자연수끼리, 진분수는 진분수끼리 모아서 계산하면 편해!

방법 2 가분수로 바꾸어 더하기

$1\frac{2}{5}+2\frac{1}{5}=\frac{7}{5}+\frac{11}{5}=\frac{18}{5}=3\frac{3}{5}$

$1\frac{2}{6}+1\frac{3}{6}$을 그림과 식으로 나타내 알아볼까요?

$1\frac{2}{6}$ + $1\frac{3}{6}$

계산 결과는 반드시 (자연수)+(진분수) 형태여야 해.

$1\frac{2}{6}+1\frac{3}{6}=(1+1)+(\frac{2}{6}+\frac{3}{6})$

$=2+\frac{5}{6}=2\frac{5}{6}$

자연수끼리의 덧셈과 진분수끼리의 덧셈을 한 것을 더해요.

21

학습 포인트 3

수학 교과서의 개념을 수학 만화와 연결하여 원리를 정확히 이해할 수 있습니다.

학습 포인트 4

주제별 원리에 대한 질문에 대해 생활에서 볼 수 있는 내용을 그림으로 재미있게 구현하여 쉽게 이해할 수 있습니다.

차례

4학년에게 꼭 필요한
분수와 소수

1. 분수와 소수의 덧셈과 뺄셈

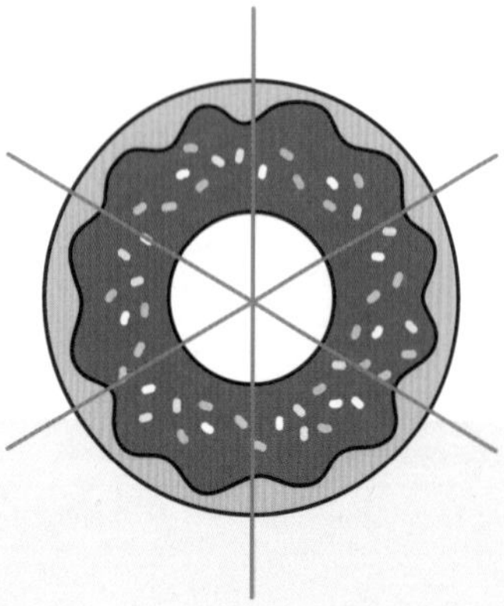

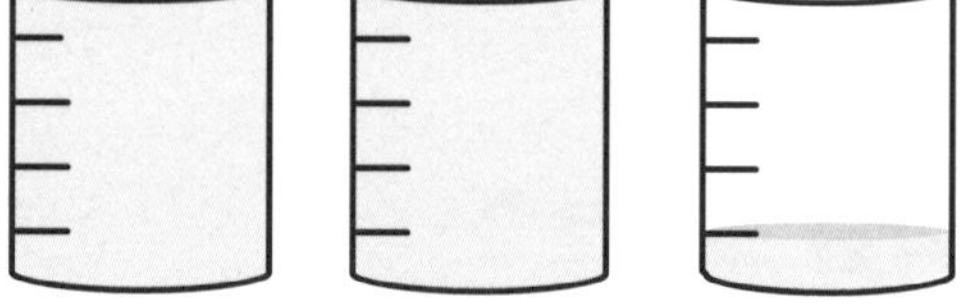

작가의 말

여러분에게 수학이란 어떤 의미인가요? 친해지고 싶은 친구인가요? 아니면 정복하고 싶은 대상이나 넘을 수 없는 장애물인가요? 각자마다 느끼는 수학의 의미는 다르겠지만 아마도 확실한 것은 우리 삶에 있어서 꼭 필요한 존재라는 사실이에요. 하지만 꼭 필요하지만 가까이 다가가기 어려울 때가 있죠. 과일채소 친구인 (쵸배, 배찌, 체로, 가징, 토리)도 마찬가지거든요. 그럴때마다 쵸배, 배찌, 체로, 가징, 토리는 일상생활에서 재미있게 수학을 접하며 즐긴답니다. 어린이 여러분도 이젠 이 책 속으로 들어가 과일채소 친구들과 함께 수학의 재미에 풍덩 빠져들 수 있었으면 하는 바람입니다.

01 받아올림이 없는 진분수의 덧셈

얘들아, 조금 출출하지 않아?
응. 출출해.
아! 우리 오늘 학교에서 초코 쿠키를 받았잖아.
포르륵
그렇지. 참! 모두에게 하나씩 나눠 줬잖아.
휙
책상에 앉아서 다 함께 먹자.
좋아!

● 무엇을 배울까요? 진분수의 합을 구하는 계산 원리를 이해하고 계산 방법을 형식화하게 합니다.
진분수의 합을 능숙하게 계산하도록 연습 활동을 합니다.

● 언제 배울까요? 초등학교 4학년 2학기 분수의 덧셈과 뺄셈, 소수의 덧셈과 뺄셈 단원에서 배워요.

자~ 다들 학교에서 선물 받은 초코 쿠키 꺼내.
응! 지금 먹자. 히히~
한 명당 하나씩 받았으니까~
활짝
짠~
나도!
힝…
시무룩
척
척

체로야,
왜 그래?
휙
시무룩
난 초코 쿠키가
없어.
정말?
우리도
하나밖에 없는데
어떡하지?
나도 먹고 싶은데…
끙
꼬르륵
어쩌지?
그래! 우리 것을
잘라서 나눠 줄게!

콩 하나라도 나눠 먹으라는 말이 있잖아.
방긋
맞아.
감동
정말?
감동
히히~ 역시 멋진 내 친구들이야.
자~ 그럼 나눠 볼까?
우선 쿠키를 8조각으로 나눠서
난 내 쿠키의 8분의 3을 줄게.
난 내 쿠키의 8분의 2를 줄게.

우아~ 그럼 합치면 8분의 5가 되잖아.
3/8 + 2/8 = 5/8
정말 고마워! 얘들아.
방긋
자~ 이제 먹자.
씨익
정말 맛있어.
냠냠
냠냠
너희들 덕분에 맛있게 먹었어.
히히~ 우리도 정말 맛있게 잘 먹었어.
그런데 도대체 체로의 쿠키는 어디로 사라졌을까?

누군가가 학교에서 몰래 훔쳐 갔을까?
궁금
궁금
아니면 체로가 오다가 흘린 게 아닐까?
앗! 그렇지, 참!
화들짝
앗! 어디다가 놔 뒀는지 생각났구나.
도대체 어디 놔 둔 거야?
응. 생각해 보니 난 학교에서 받자마자 다 먹은 게 생각났어. 히히~
뭐라고!
우리가 나눠 준 거 다시 뱉어.
뜨헉

받아올림이 없는 진분수의 덧셈

▸ 분모가 같은 진분수의 덧셈은 분자끼리의 합으로 구할 수 있습니다.

분모가 같은 진분수는 단위분수의 개수로 나타낼 수 있어서 분자끼리의 합으로 구할 수 있어요.

$\frac{1}{4}+\frac{2}{4}$를 그림을 그려 알아볼까요?

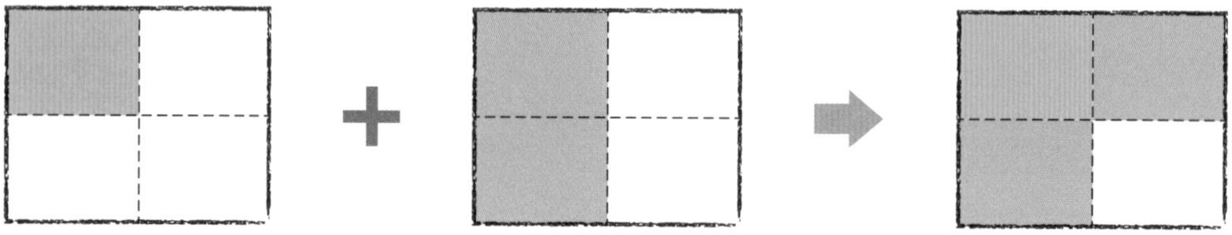

$\frac{1}{4}$은 $\frac{1}{4}$이 1개인 수이고, $\frac{2}{4}$는 $\frac{1}{4}$이 2개인 수예요.

이 두 수를 모으면 $\frac{1}{4}$이 3개이므로 $\frac{3}{4}$이 돼요.

$$\frac{1}{4}+\frac{2}{4}=\frac{1+2}{4}=\frac{3}{4}$$

분모가 같은 진분수의
덧셈에서는 분자끼리의
합을 하면 돼!

$\frac{3}{6}+\frac{2}{6}$를 그림을 그려 알아볼까요?

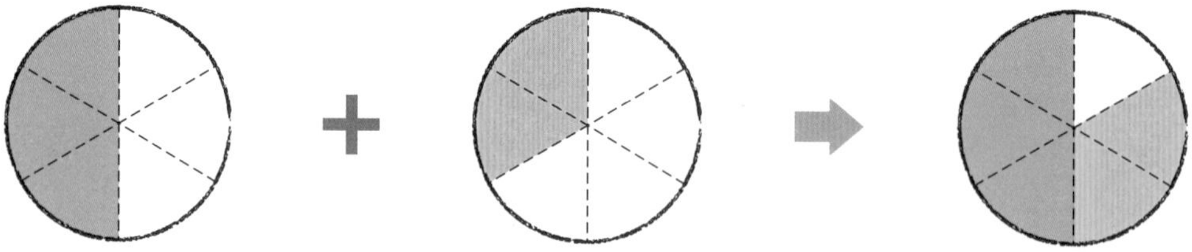

$\frac{3}{6}$ $\frac{2}{6}$ $\frac{5}{6}$

$$\frac{3}{6}+\frac{2}{6}=\frac{3+2}{6}=\frac{5}{6}$$

$\frac{2}{7}+\frac{3}{7}$을 수직선에 나타내 알아볼까요?

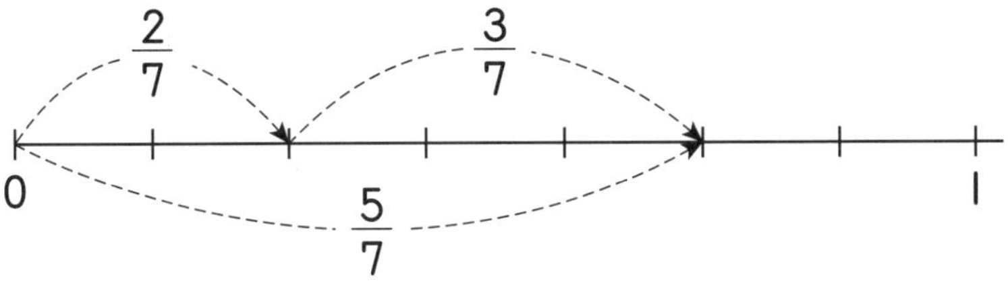
$\frac{2}{7}$
$\frac{3}{7}$
0
1
$\frac{5}{7}$

$\frac{2}{7}$는 $\frac{1}{7}$이 2개,
$\frac{3}{7}$은 $\frac{1}{7}$이 3개인 수이므로
이 두 수를 더하면
$\frac{1}{7}$이 5개인 수가 돼.

$\frac{2}{7}$만큼 간 다음 $\frac{3}{7}$만큼 더 가면 $\frac{5}{7}$가 돼요.

→ ($\frac{1}{7}$이 2개) + ($\frac{1}{7}$이 3개) = ($\frac{1}{7}$이 5개) = $\frac{5}{7}$

$$\frac{2}{7}+\frac{3}{7}=\frac{2+3}{7}=\frac{5}{7}$$

분모가 같은 진분수는 분자끼리의 덧셈으로 나타내서 구할 수 있어요.

$\frac{5}{8}+\frac{2}{8}$를 수직선에 나타내 알아볼까요?

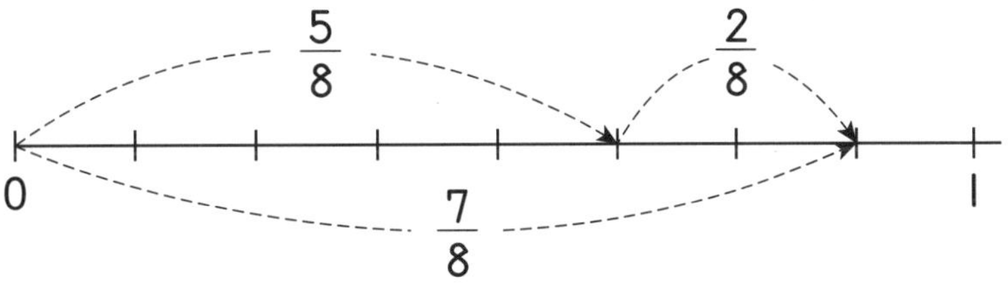
$\frac{5}{8}$
$\frac{2}{8}$
0
1
$\frac{7}{8}$

$\frac{5}{8}$만큼 간 다음 $\frac{2}{8}$만큼 더 가면 $\frac{7}{8}$이 돼요.

→ ($\frac{1}{8}$이 5개) + ($\frac{1}{8}$이 2개) = ($\frac{1}{8}$이 7개) = $\frac{7}{8}$

$$\frac{5}{8}+\frac{2}{8}=\frac{5+2}{8}=\frac{7}{8}$$

그림을 그리지 않아도 식으로 나타내서 진분수끼리의 덧셈을 계산할 수 있어요.

02 받아올림이 없는 대분수의 덧셈

끄응.
물을 가지고 오랬더니 쵸배가 왜 이렇게 안 오지?
여기 물 가지고 왔어.
드디어 왔군. 어서 가지고 와.

● 무엇을 배울까요? 대분수의 합을 구하는 계산 원리를 이해하고 계산 방법을 형식화하게 합니다.
대분수의 합을 능숙하게 계산하도록 연습 활동을 합니다.

● 언제 배울까요? 초등학교 4학년 2학기 분수의 덧셈과 뺄셈, 소수의 덧셈과 뺄셈 단원에서 배워요.

왜 이렇게 늦었어? 한참을 기다렸잖아.
물을 준비한다고 늦었어.
얼마나 가지고 왔나 볼까?
방긋
1컵이랑 5분의 3을 들고 왔구나.
응.
자~ 난 너보다 조금 더 많이 준비했어.
씨익

2컵과 5분의 1만큼이야.
그럼 총 얼마나 있는 거지?
자~ 그럼 네가 가지고 온 것과 내가 가지고 온 것을 더해 보면~
$1\frac{3}{5}$
$2\frac{1}{5}$
$1\frac{3}{5} + 2\frac{1}{5} = 3\frac{4}{5}$
3과 5분의 4야!
맞아!

좋아!
이 정도면 충분해.
그런데
이 물은 왜 가지고
오라고 한 거야?
그 이유는 바로~
씨익
내 특기를
보여 주려고.
특기?
아무한테
보여 주는 게 아닌데
특별히 너만 보여
줄게.
어떤 걸
보여 줄 거냐면~
이 많은
물을 내가 다 마셔 볼게.

뜨헉!
이 물을 전부?
깜짝
당연하지!
자~
잘 보라고!
척
꼴깍
꼴깍
헉!
배찌야!
거의 다 마셨어!
꼴깍
꼴깍

꺼억
어때?
다 마셨어.
뜨헉!
정말 다
마셨잖아!
이 많은 물을
다 마셔서
놀랬나 보군.
그게 아니라…
엥?
그게 아니라고?
그냥
물을 가지고 오라고
해서 발 씻은 물을
가지고 온 거야.
푸에에엑

받아올림이 없는 대분수의 덧셈

▶ 분모가 같은 대분수의 덧셈은 자연수 부분은 자연수 부분끼리,
진분수 부분은 진분수 부분끼리의 합으로 구할 수 있습니다.

분모가 같은 대분수는 자연수와 진분수 부분으로 나누어 덧셈을 하면 돼요.

$1\frac{2}{5}+2\frac{1}{5}$을 그림을 그려 알아볼까요?

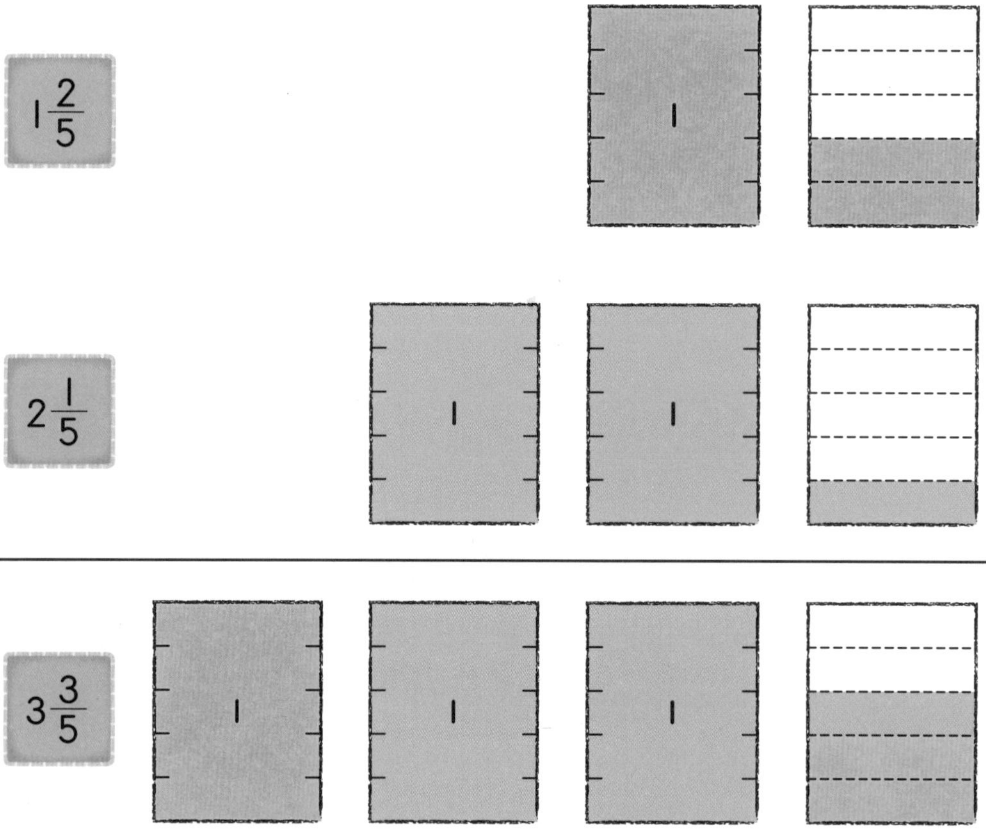

자연수 부분끼리 더하고, 진분수 부분끼리 더하면
대분수의 덧셈도 쉽게 할 수 있어요.

이미 알고 있는 자연수의 덧셈과
진분수의 덧셈으로
대분수의 덧셈도 할 수 있어.

$1\frac{2}{5}+2\frac{1}{5}$을 식으로 나타내 알아볼까요?

방법 1 자연수 부분과 진분수 부분으로 나누어 더하기

$$1\frac{2}{5}+2\frac{1}{5}=(1+2)+\left(\frac{2}{5}+\frac{1}{5}\right)$$
$$=3+\frac{3}{5}=3\frac{3}{5}$$

대분수는 자연수와 진분수의 합으로
이루어진 분수니까,
더할 때 자연수는 자연수끼리,
진분수는 진분수끼리 모아서
계산하면 편해!

방법 2 가분수로 바꾸어 더하기

$$1\frac{2}{5}+2\frac{1}{5}=\frac{7}{5}+\frac{11}{5}=\frac{18}{5}=3\frac{3}{5}$$

$1\frac{2}{6}+1\frac{3}{6}$을 그림과 식으로 나타내 알아볼까요?

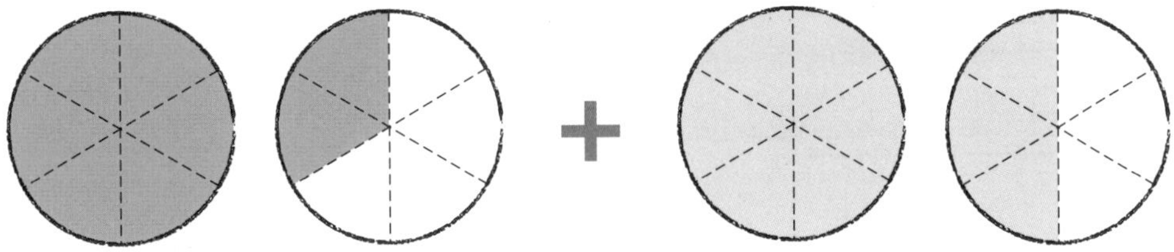

$1\frac{2}{6}$ $1\frac{3}{6}$

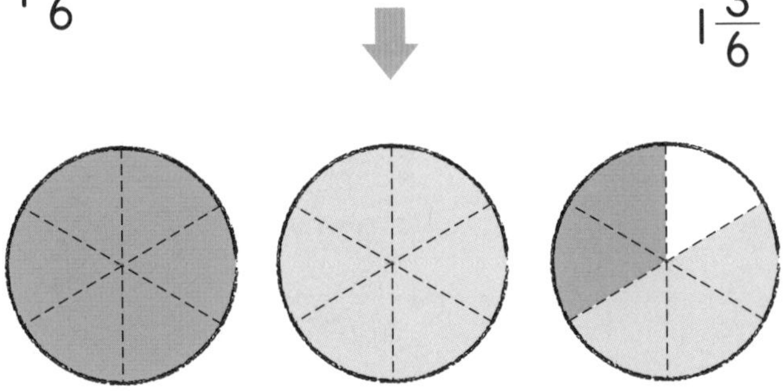

$$1\frac{2}{6}+1\frac{3}{6}=(1+1)+\left(\frac{2}{6}+\frac{3}{6}\right)$$
$$=2+\frac{5}{6}=2\frac{5}{6}$$

계산 결과는 반드시
(자연수)+(진분수)
형태여야 해.

자연수끼리의 덧셈과 진분수끼리의 덧셈을 한 것을 더해요.

03 받아내림이 없는 진분수의 뺄셈

흐잉…
시무룩
죠배야,
왜 그래?
상자 속
대왕 도넛이 얼마 없는 것
같아서 말이야.
끙
대왕 도넛?
응. 어제 엄마가
대왕 도넛 하나를
사 놓으셨거든.
그런데?

● 무엇을 배울까요? 진분수의 차를 구하는 계산 원리를 이해하고 계산 방법을 형식화하게 합니다.
진분수의 차를 능숙하게 계산하도록 연습 활동을 합니다.

● 언제 배울까요? 초등학교 4학년 2학기 분수의 덧셈과 뺄셈, 소수의 덧셈과 뺄셈 단원에서 배워요.

말 그대로 대왕 도넛이라 크기가 엄청 컸거든.
짜악
짜악
그래서 대왕 도넛을 6조각으로 나눠 놓으셨대.
척
그런데 어제 쌍둥이 동생 중 한 명이 6조각 중 2조각을 먹었다고 하더라고.
그럼 6분의 2를 먹은 거군.

그럼 6분의 2를 먹었으니 아직 6분의 4가 남아 있잖아.
$\frac{6}{6} - \frac{2}{6} = \frac{4}{6}$
아직 반 이상이 남아 있잖아!
그런데 거기서 다른 쌍둥이 동생이 또 2조각을 먹어 버렸대.
6분의 2가 또 사라진거군.
남은 6분의 4에서 6분의 2을 먹었으니까~
6분의 4에서 6분의 2를 빼면 6분의 2가 남았군.
$\frac{4}{6} - \frac{2}{6} = \frac{2}{6}$

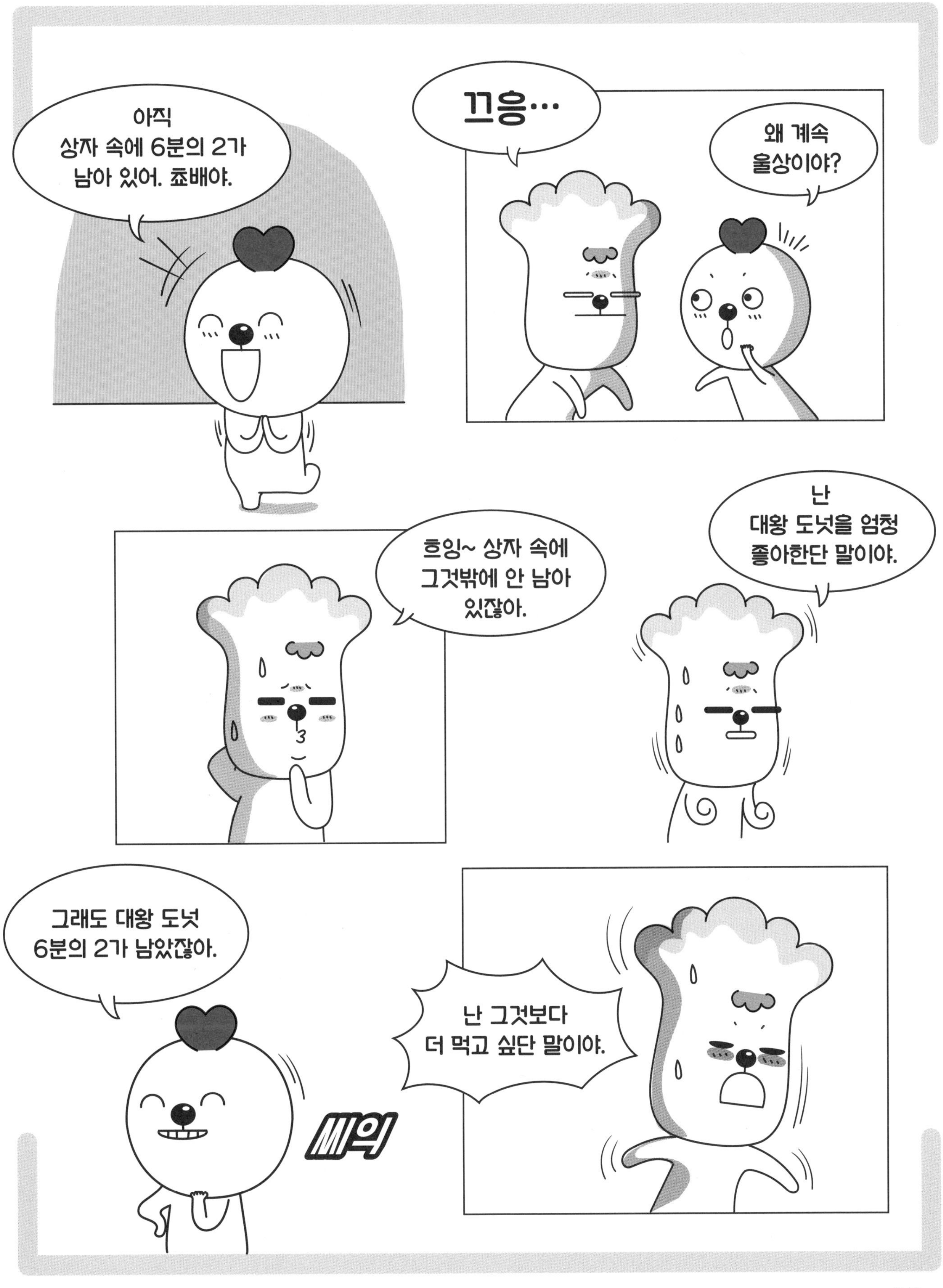
아직
상자 속에 6분의 2가
남아 있어. 쵸배야.
끄응…
왜 계속
울상이야?
흐잉~ 상자 속에
그것밖에 안 남아
있잖아.
난
대왕 도넛을 엄청
좋아한단 말이야.
그래도 대왕 도넛
6분의 2가 남았잖아.
난 그것보다
더 먹고 싶단 말이야.
씨익

대왕 도넛이니까 6분의 2도 엄청 많은 양이야.
그리고 동생들은 많이 먹고 더 무럭무럭 자라야지~
척
그래. 맞아. 동생들이랑 나눠 먹는 게 당연한데 내 생각만 했어.
방긋
히히~ 그리고 네 말대로 대왕 도넛이니까 6분의 2도 엄청 커.
활짝
배고프니까 얼른 상자를 열어서 먹어야지!
오잉?

상자 안에 도넛이
하나도 없잖아!
뭐라고?
깜짝
텅텅
텅텅
이게 어떻게
된 일이야?
그렇지. 참!
엥?
휙
뭔가
생각났구나.
그게 말이야…
우리 집 동생은
세 쌍둥이였어.
나머지 한 명이
먹어 버렸구나.
끙

받아내림이 없는 진분수의 뺄셈

▸ 분모가 같은 진분수의 뺄셈은 분자끼리의 차로 구할 수 있습니다.

분모가 같은 진분수는 단위분수의 개수로 나타낼 수 있어서 분자끼리의 차로 구할 수 있어요.

$\frac{5}{8}-\frac{2}{8}$를 그림을 그려 알아볼까요?

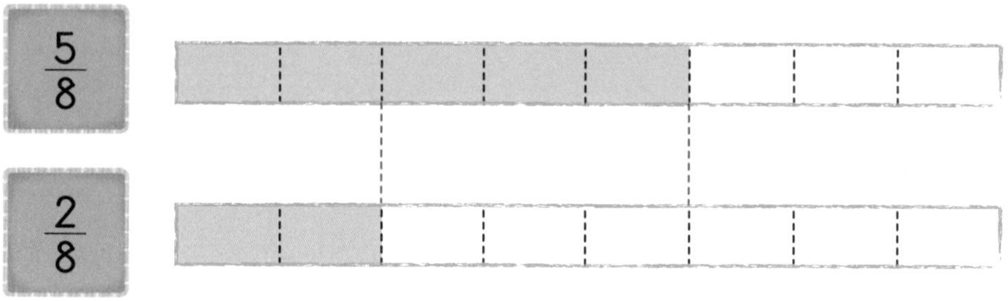
5/8
2/8

$\frac{5}{8}$는 $\frac{1}{8}$이 5개인 수이고, $\frac{2}{8}$는 $\frac{1}{8}$이 2개인 수예요.

이 두 수의 차를 구하면 $\frac{1}{8}$이 3개이므로 $\frac{3}{8}$이 돼요.

$$\frac{5}{8}-\frac{2}{8}=\frac{5-2}{8}=\frac{3}{8}$$

$\frac{6}{7}-\frac{4}{7}$를 그림을 그려 알아볼까요?

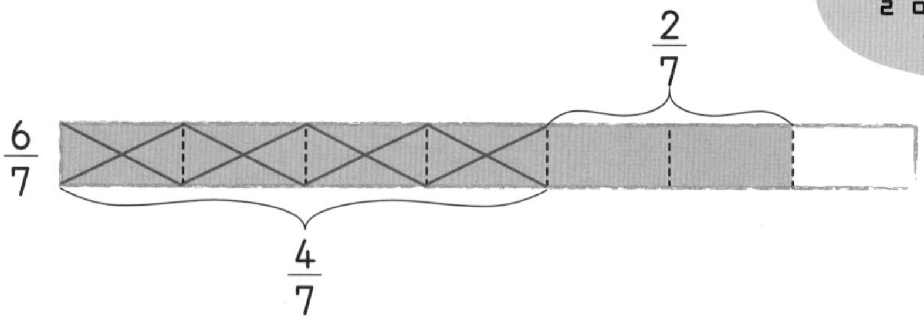
6/7
2/7
4/7

분모가 같은 진분수의
뺄셈에서는 분자끼리의
차를 구하면 돼!

$\frac{6}{7}$에서 $\frac{4}{7}$만큼 지워 보면 남은 수는 $\frac{2}{7}$예요.

$\frac{8}{9}-\frac{5}{9}$를 수직선에 나타내 알아볼까요?

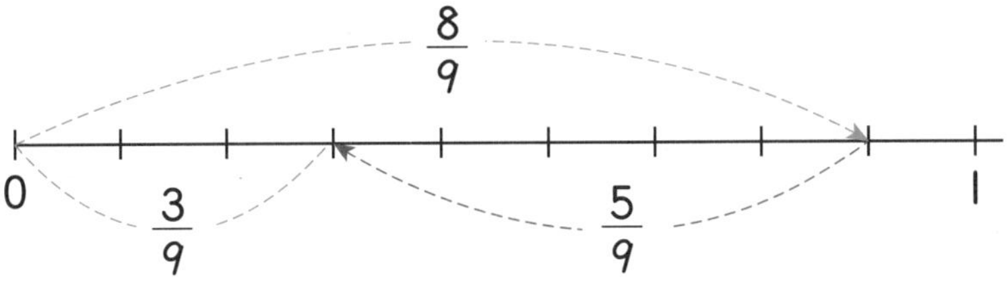
8/9
0
3/9
5/9
1

8/9은 1/9이 8개,
5/9는 1/9이 5개인 수이므로
이 두 수를 빼면
1/9이 3개인 수가 돼.

$\frac{8}{9}$만큼 간 다음 $\frac{5}{9}$만큼 되돌아오면 $\frac{3}{9}$이 돼요.

└→ ($\frac{1}{9}$이 8개)−($\frac{1}{9}$이 5개) = ($\frac{1}{9}$이 3개) = $\frac{3}{9}$

$$\frac{8}{9}-\frac{5}{9}=\frac{8-5}{9}=\frac{3}{9}$$

분모가 같은 진분수는 분자끼리의 뺄셈으로 나타내서 구할 수 있어요.

$\frac{9}{10}-\frac{6}{10}$을 수직선에 나타내 알아볼까요?

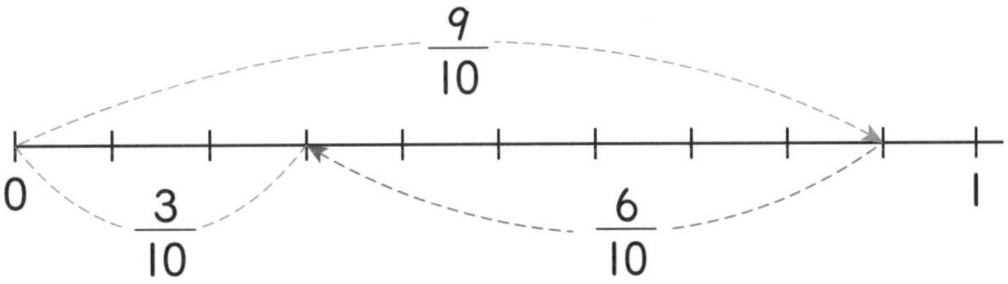
9/10
0
3/10
6/10
1

$\frac{9}{10}$만큼 간 다음 $\frac{6}{10}$만큼 되돌아오면 $\frac{3}{10}$이 돼요.

└→ ($\frac{1}{10}$이 9개)−($\frac{1}{10}$이 6개) = ($\frac{1}{10}$이 3개) = $\frac{3}{10}$

$$\frac{9}{10}-\frac{6}{10}=\frac{9-6}{10}=\frac{3}{10}$$

그림을 그리지 않아도 식으로 나타내서 진분수끼리의 뺄셈을 계산할 수 있어요.

04 받아내림이 없는 대분수의 뺄셈

여기가 갯벌이군.
엄청 넓구나~
졸래졸래
여기서 조개를 캐면 되겠어.
방긋
그럼 조개를 캐서 이 양동이에 가득 채워 볼까?
히히~ 난 벌써 찾았어!
활짝

- 무엇을 배울까요? 대분수의 차를 구하는 계산 원리를 이해하고 계산 방법을 형식화하게 합니다. 대분수의 차를 능숙하게 계산하도록 연습 활동을 합니다.
- 언제 배울까요? 초등학교 4학년 2학기 분수의 덧셈과 뺄셈, 소수의 덧셈과 뺄셈 단원에서 배워요.

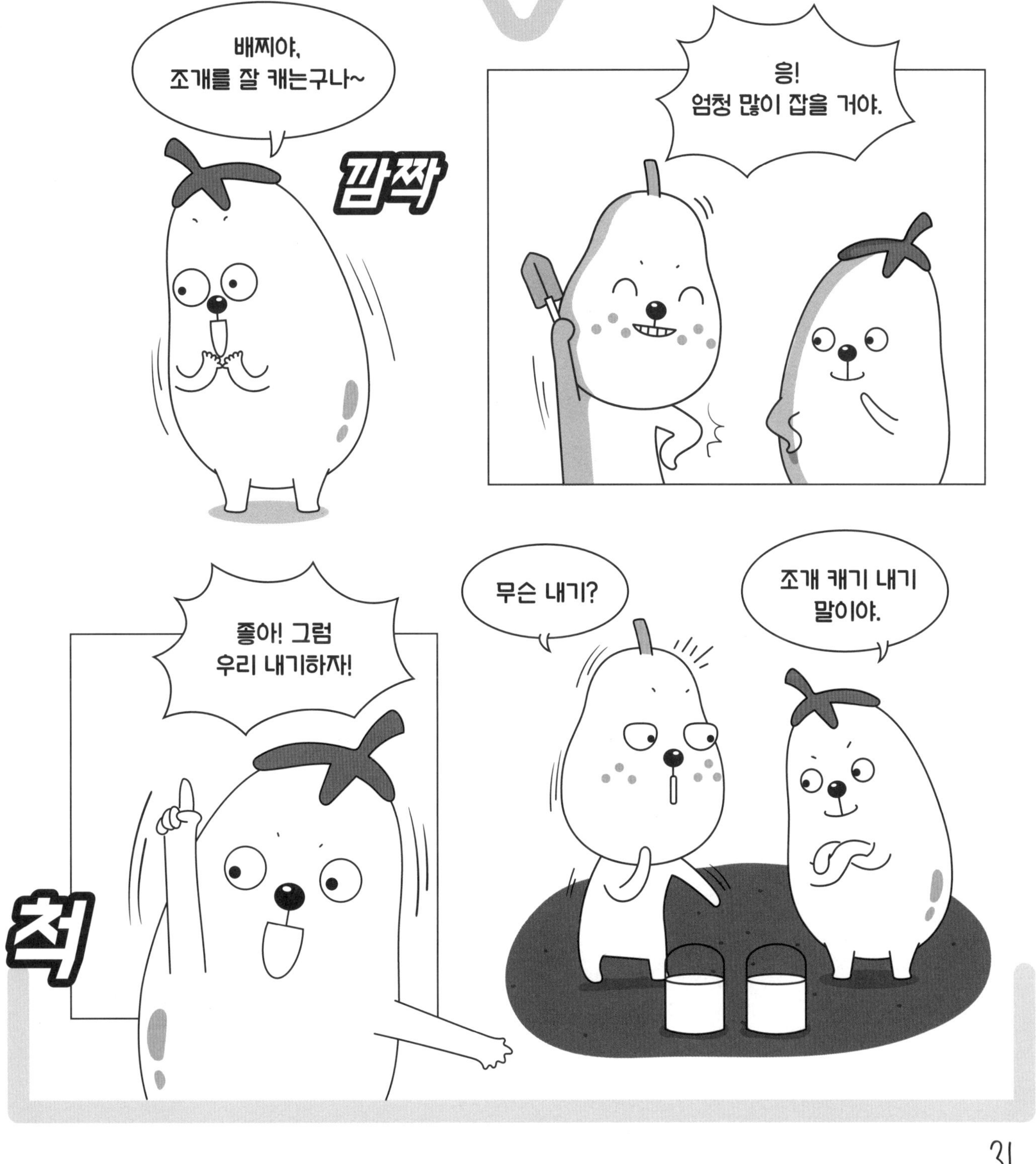
배찌야,
조개를 잘 캐는구나~
깜짝
응!
엄청 많이 잡을 거야.
좋아! 그럼
우리 내기하자!
척
무슨 내기?
조개 캐기 내기
말이야.

오늘 누가 조개를 더 많이 캐는지 내기하자.
씨익
좋아! 재미있겠다.
자! 그럼 바로 시작해 볼까~
꽈악
후훗! 덤비라고!
내가 이길 거야!
퍽
퍽
퍽
퍽
퍽
질 수 없다!
퍽
퍽
퍽

휴~ 이제 곧 물 들어올 시간이야.
벌써 3시간이 지났네~
자~ 그럼 누가 더 조개를 많이 캤나 한번 확인해 볼까?
내 것부터 볼게~
뜨헉! 그렇게나 많이?
깜짝
여기 보면 난 양동이 2개와 6분의 5만큼 채웠어.
넌 얼마나 채웠어?
난 양동이 1개와 6분의 2만큼 채웠어.
그럼 2와 6분의 5에서 1과 6분의 2를 빼면 되겠군.
$2\frac{5}{6} - 1\frac{2}{6}$

앗!
그럼 1과 6분의 3이야.
$1\frac{3}{6}$
맞아. 히히~
내가 그만큼
더 많이 채웠어.
찡긋
어때~
내가 훨씬 많이
채웠지?
응. 정말 대단해.
휙
엥?
뜨헉!
저기 토리를 봐!
깜짝
양동이를
5개나 채웠잖아!
후후~

뜨헉
어때~
엄청 많이 잡았지?
응.
정말 엄청 많이
잡았네.
우리랑은 비교가
안 되잖아!
도대체 어떻게
그렇게 많이 잡은 거야?
궁금
궁금
우리도 더 많이 잡고
싶어.
궁금
궁금
씨익
좋아.
내가 비결을
알려 주지.

오오! 알려 줘!
기대
기대
기대
그건 말이야~ 도구를 잘 써야 해.
씨익
도구?
멈칫
조개 캘 때 도구는 보통 이렇게 꽃삽으로 하잖아.
척
그렇지~ 보통은 꽃삽이나 호미를 사용하지.
응! 나도 최고로 좋은 꽃삽을 사용했어.

저기 내가
쓴 도구를 봐.
휙
오잉?
휙
오잉?
짜잔~
집에서 삽을 직접
챙겨 왔지!
척
엄청 큰 삽이야!
뜨헉
이걸로 파면
조개를 한 번에
5개씩 잡아.
히히~
집에서부터 삽을
챙겨 오다니…
저 정도 준비성이면
인정해 주자.

받아내림이 없는 대분수의 뺄셈

▶ 분모가 같은 대분수의 뺄셈은 자연수 부분은 자연수 부분끼리, 진분수 부분은 진분수 부분끼리의 차로 구할 수 있습니다.

분모가 같은 대분수는 자연수와 진분수 부분으로 나누어 뺄셈을 하면 돼요.

$3\frac{4}{5}-1\frac{2}{5}$를 그림을 그려 알아볼까요?

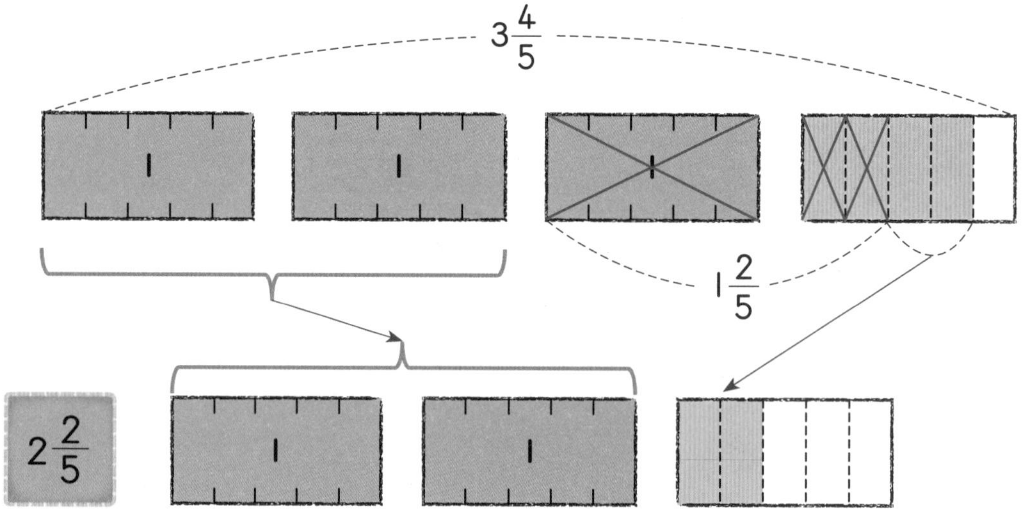

$3\frac{4}{5}$
1
1
1
$1\frac{2}{5}$
$2\frac{2}{5}$
1
1

남아 있는 그림을 보면 $3\frac{4}{5}-1\frac{2}{5}=2\frac{2}{5}$예요.
자연수 부분끼리 빼고, 진분수 부분끼리 빼면 대분수의 뺄셈도 쉽게 할 수 있어요.

이미 알고 있는
자연수의 뺄셈과
진분수의 뺄셈으로
대분수의 뺄셈도 할 수 있어.

$3\frac{4}{5}-1\frac{1}{5}$을 식으로 나타내 알아볼까요?

방법 1 자연수 부분과 진분수 부분으로 나누어 빼기

$$3\frac{4}{5}-1\frac{1}{5}=(3-1)+(\frac{4}{5}-\frac{1}{5})$$
$$=2+\frac{3}{5}=2\frac{3}{5}$$

방법 2 가분수로 바꾸어 빼기

$$3\frac{4}{5}-1\frac{1}{5}=\frac{19}{5}-\frac{6}{5}=\frac{13}{5}=2\frac{3}{5}$$

대분수는 자연수와 진분수의 합으로
이루어진 분수니까,
뺄 때 자연수는 자연수끼리,
진분수는 진분수끼리 모아서
계산하면 편해!

$4\frac{5}{6}-2\frac{3}{6}$을 그림과 식으로 나타내 알아볼까요?

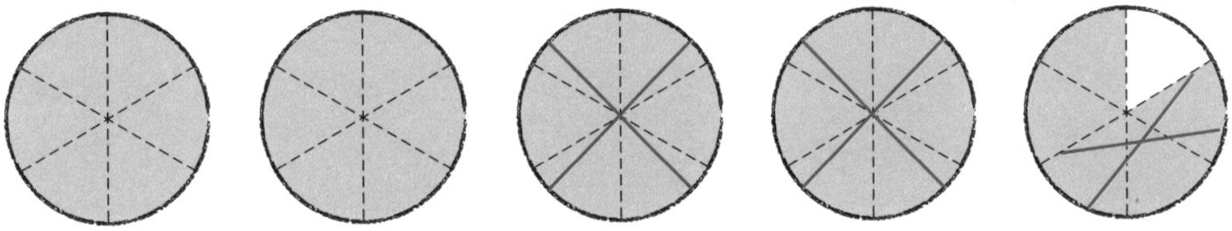

$$4\frac{5}{6}-2\frac{3}{6}=(4-2)\oplus(\frac{5}{6}-\frac{3}{6})$$
$$=2\oplus\frac{2}{6}=2\frac{2}{6}$$

뺄셈이라고 해서
모두 빼는 것이 아니에요.

계산 결과는 반드시
(자연수)+(진분수)
형태여야 해.

자연수끼리의 뺄셈과 진분수끼리의 뺄셈을 한 것을 더해요.

05 (자연수)-(분수)

빨리 와. 토리야.
놀이터에 거의 다 왔어.
응.
뒤에서
잘 따라가고 있어.
히히~
드디어 놀이터 도착했어.
토리야,
잘 챙겨왔지?
방긋

- 무엇을 배울까요? (자연수)-(진분수)의 계산 원리를 이해하고 계산 방법을 형식화하게 합니다. (자연수)-(분수)를 능숙하게 계산하도록 연습 활동을 합니다.
- 언제 배울까요? 초등학교 4학년 2학기 분수의 덧셈과 뺄셈, 소수의 덧셈과 뺄셈 단원에서 배워요.

놀이터에서 먹으려고
각자 젤리 두 봉지를 챙겨 오기로
했잖아.
척
척
당연하지.
나도 젤리 두 봉지를
잘 챙겨 왔어.
번쩍
여기!
척
척
오잉?
멈칫

체로야!
젤리 한 봉지에
구멍이 났잖어.
뜨헉
뭐라고?
흐잉~
진짜네.
몇 개가
없어졌어.
시무룩
정말?
난
젤리 봉지가 두 봉지
그대로인데…

난 한 봉지랑 8분의 3밖에 없어.
많이 없어진 것 같은데…
몇 개가 차이 나는 거지?
난 2가 있고
넌 1과 8분의 3이 있으니까
1 1
2
1 $\frac{3}{8}$
$1\frac{3}{8}$
이걸 빼면~
$2 - 1\frac{3}{8} = 1\frac{8}{8} - 1\frac{3}{8} = \frac{5}{8}$
8분의 5만큼이나 차이가 나.
많이 없어졌네~
긁적
긁적

어쩔 수 없지. 내 젤리를 조금 나눠 줄게~
번쩍
우아! 정말?
깜짝
히히~ 고마워.
잠깐!
척
엥? 체로잖아.
체로 넌 여기 어쩐 일이야?

나도 놀이터를 가던 길이라 뒤에서 따라가고 있었어.
내가 뒤에서 다 봤어.
씨익
화들짝
토리는 젤리를 흘린 게 아니라 봉지를 뜯어서 먹는 걸 말이야!
뭐라고!
히히~ 젤리를 많이 먹고 싶어서 그만…
미안해~ 히히. 그래도 나눠 줄 거지?
끄응… 내 주먹맛을 나눠줄 게.
부들
부들

(자연수)-(분수)

▶ 자연수를 분수 형태로 바꾸어 나타내면 뺄셈을 할 수 있습니다.

자연수를 대분수 형태로 바꾸어 나타낼 수 있어요.

$1-\frac{1}{4}$을 구해 볼까요?

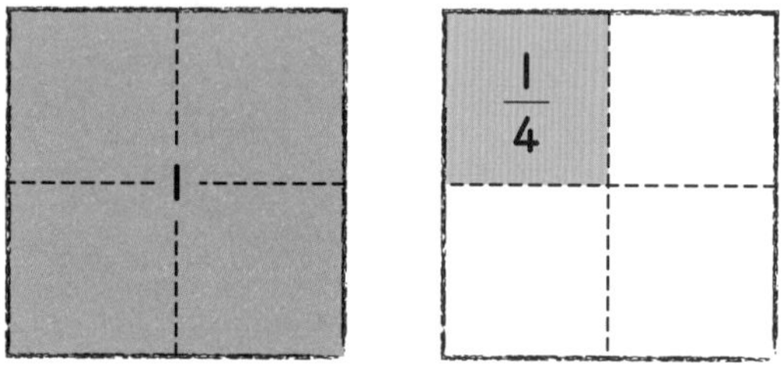

1/4

$$1-\frac{1}{4}=\frac{4}{4}-\frac{1}{4}=\frac{4-1}{4}=\frac{3}{4}$$

사각형의 크기를 1이라고 하면 1은 $\frac{1}{4}$이 4개예요.

$1-\frac{1}{4}$은 $\frac{1}{4}$이 4개인 수에서 1개를 빼서 $\frac{1}{4}$이 3개인 $\frac{3}{4}$과 같아요.

표현 방법은 다르지만
모두 1이라고!

1을 가분수로 나타내 볼까요?

1은 분모와 분자가 같은 가분수로 나타낼 수 있어요.

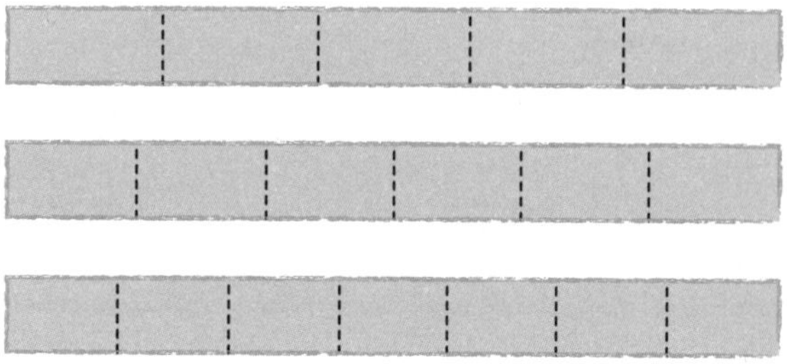

$\frac{5}{5}=1$ → $\frac{1}{5}$이 5개인 수

$\frac{6}{6}=1$ → $\frac{1}{6}$이 6개인 수

$\frac{7}{7}=1$ → $\frac{1}{7}$이 7개인 수

$2-1\frac{3}{5}$을 구해 볼까요?

사각형의 크기를 1이라고 하면 2는 2개의 사각형으로 나타낼 수 있어요.

2에서 1만큼을 분모가 5인 분수로 나타내 보아요.

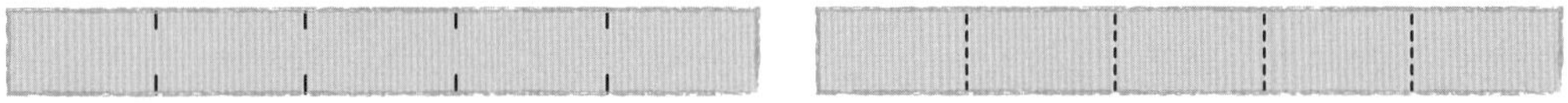

$1\frac{3}{5}$만큼을 ×표로 지워 보아요.

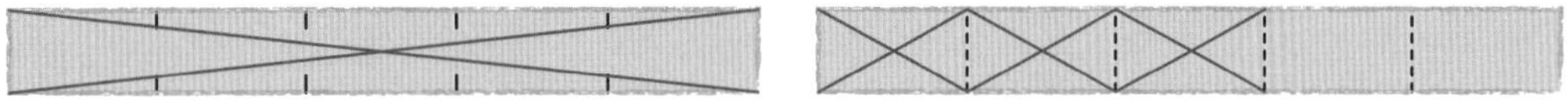

남아 있는 부분을 나타내면 $\frac{2}{5}$예요.

$$2-1\frac{3}{5}=1\frac{5}{5}-1\frac{3}{5}=(1-1)+(\frac{5}{5}-\frac{3}{5})=\frac{2}{5}$$

자연수를 대분수 모양으로 나타내 볼까요?

$$2=1+1=1+\frac{2}{2}=1\frac{2}{2}$$

$$3=2+1=2+\frac{3}{3}=2\frac{3}{3}$$

$$4=3+1=3+\frac{4}{4}=3\frac{4}{4}$$

이 분수는 $\frac{2}{2}$, $\frac{3}{3}$, $\frac{4}{4}$…로 뒤에 나오는 분수에 따라 달라질 수 있어요.

1만큼을 가분수로 바꿀 때 뒤에 나오는 분수의 분모와 같은 수로 나타내면 돼!

대분수는 자연수와 진분수의 합으로 나타내야 하는데 자연수와 분수의 뺄셈을 하기 위해 이런 모양으로 바꿔 나타내기도 해요.

06 소수 한 자리 수의 덧셈

휴~
무거워.
끙
배찌야,
안녕~
그건 수박이잖아.
두 개씩이나
들고 있네?
응. 너무 무거워.
무게가 얼마나
되길래?
긁적
긁적

- 무엇을 배울까요? 여러 가지 방법으로 소수 한 자리 수끼리의 덧셈을 할 수 있게 합니다.
세로로 소수 한 자리 수끼리의 덧셈을 할 수 있게 합니다.
- 언제 배울까요? 초등학교 4학년 2학기 분수의 덧셈과 뺄셈, 소수의 덧셈과 뺄셈 단원에서 배워요.

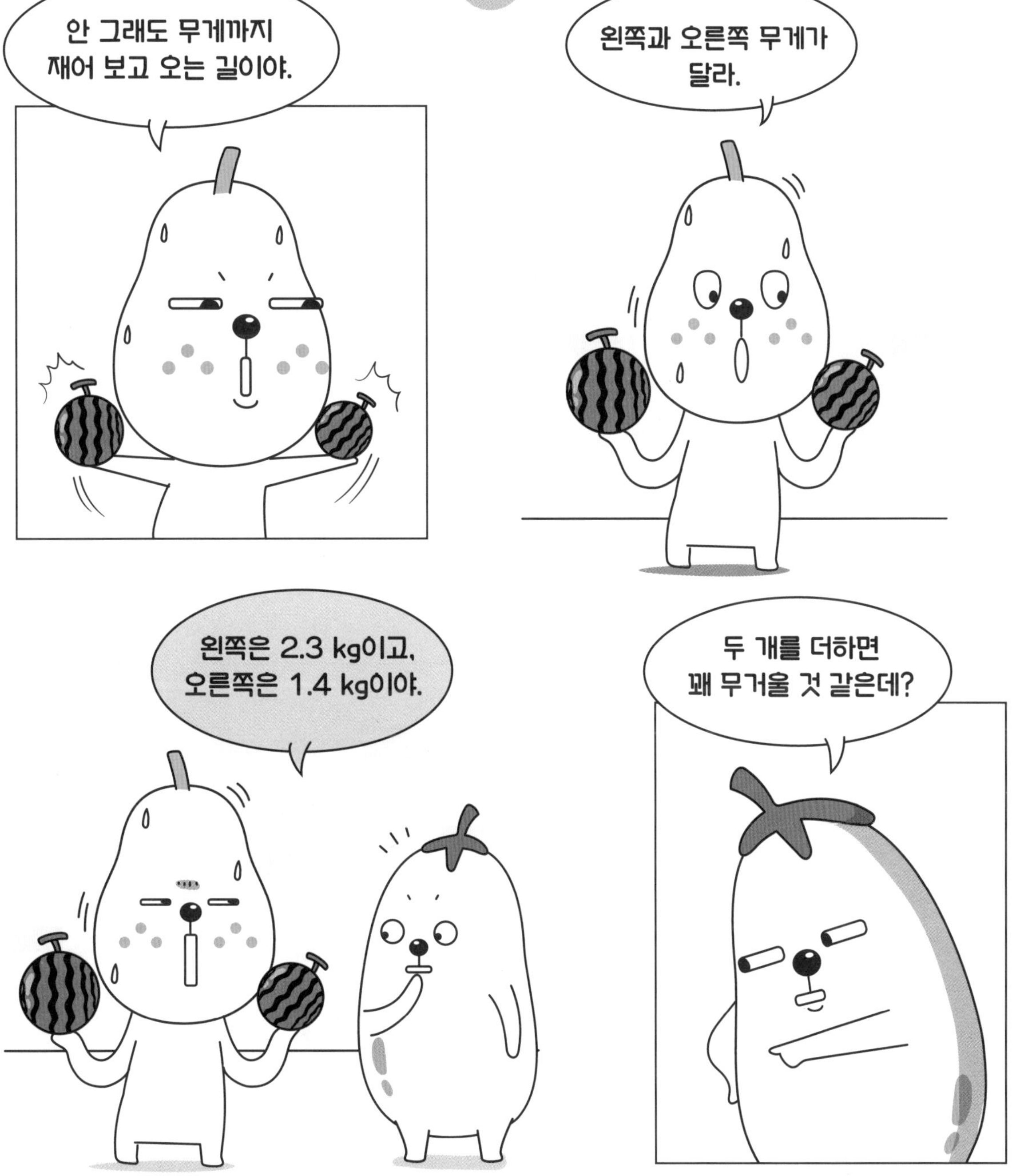
안 그래도 무게까지 재어 보고 오는 길이야.
왼쪽과 오른쪽 무게가 달라.
왼쪽은 2.3 kg이고, 오른쪽은 1.4 kg이야.
두 개를 더하면 꽤 무거울 것 같은데?

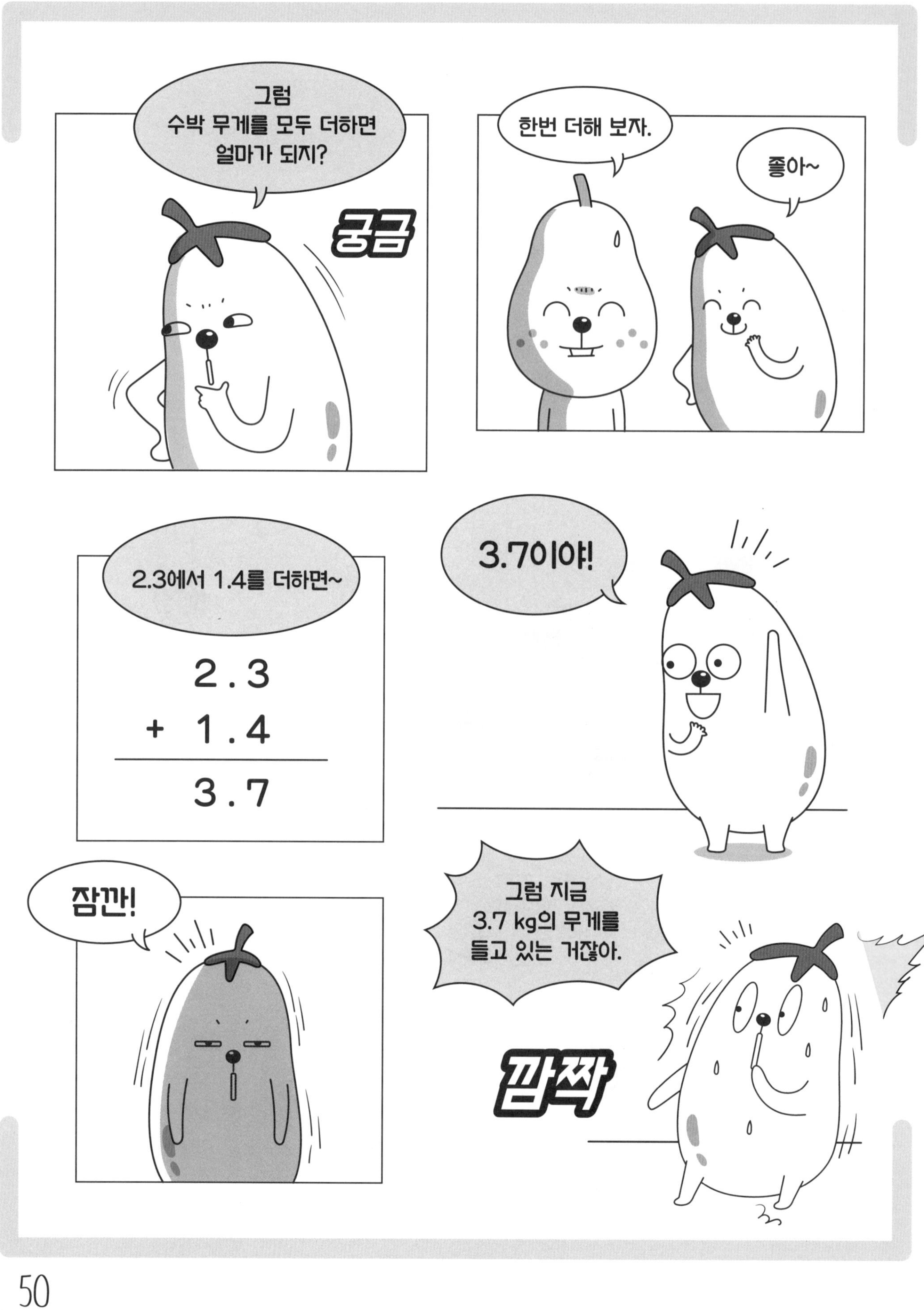
그럼
수박 무게를 모두 더하면
얼마가 되지?
궁금
한번 더해 보자.
좋아~
2.3에서 1.4를 더하면~
2.3
+ 1.4
3.7
3.7이야!
잠깐!
그럼 지금
3.7 kg의 무게를
들고 있는 거잖아.
깜짝

진짜
무거울 것 같아.
좋아!
배찌야,
수박 하나 줘!
내가 들어 줄게.
활짝
정말?
당연하지.
감동
친구란 원래 힘들 때
서로 도와주는거잖아.
흐잉~ 고마워.
여기 작은 걸
들어 줘.
휙

응. 얼른 가자!
후다닥
알았어!
후다닥
킥킥~
내가 수박 들어 줬으니까
맛있는 수박을 나에게도
나눠 주겠지?
씨익
역시 난 천재야~
히히~
휴~ 힘들어.
그래도 맛있는
수박을 먹을 수 있으니까
참아야지!

다 왔어!
정말?
엥? 여긴 너희 집이 아니라 학교잖아.
싱싱 초등학교
응. 이 수박 모형은 학교 연극할 때 쓸 소품이거든.
척
뭐라고? 진짜 수박이 아니라 수박 모형이라고!
화들짝
응. 고마워. 가짐아.
찡긋
하하하~ 별말씀을…
파르륵

소수 한 자리 수의 덧셈

▶ 소수 한 자리 수의 덧셈은 자연수의 덧셈과 같은 방법으로 자리를 맞춰 써서 세로로 나타내 구할 수 있습니다.

소수 한 자리 수가 0.1이 몇 개인지로 나타내서 덧셈을 할 수 있어요.

0.8+1.3을 그림을 그려 알아볼까요?

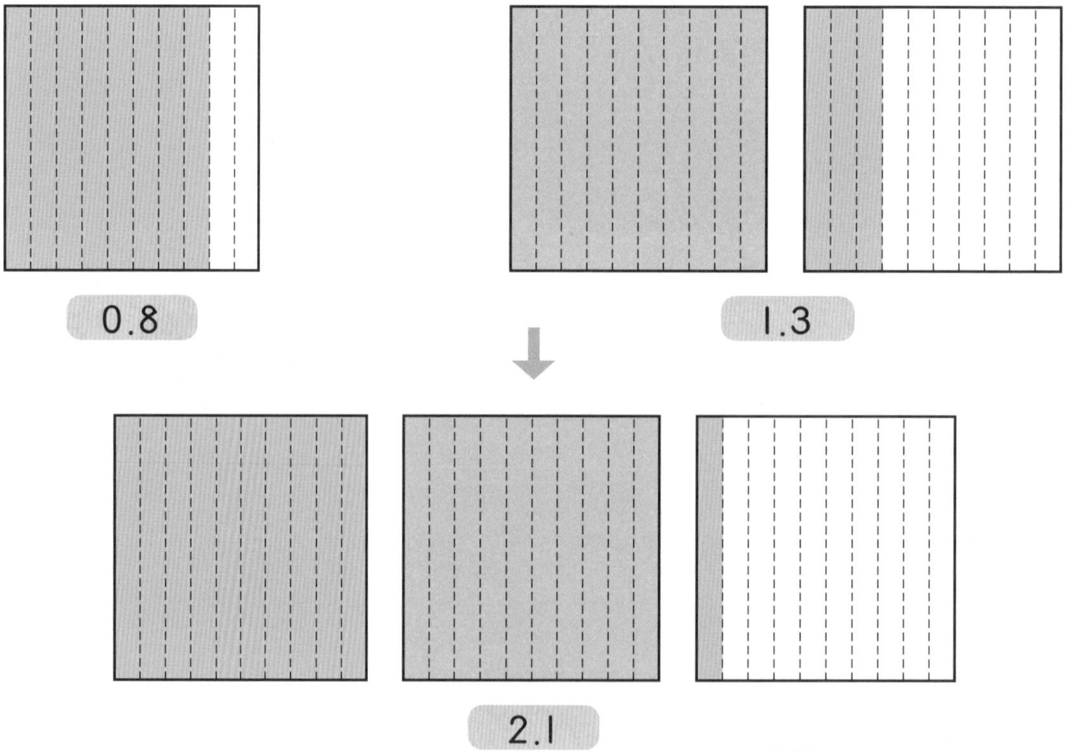

0.8
1.3
2.1

소수 한 자리 수니까 0.1이 몇 개인지로 세어 볼 수 있겠구나!

0.8은 0.1이 8개, 1.3은 0.1이 13개인 수예요.
두 수를 더하면 0.1이 21개이므로 2.1이 돼요.

2.3+1.7을 세로셈으로 나타내 볼까요?

23+17을 계산했던 것을 떠올려 보세요.

$$\begin{array}{rcc} & 1 & \\ & 2 & 3 \\ + & 1 & 7 \\ \hline & 4 & 0 \end{array}$$

십의 자리 일의 자리

일의 자리, 십의 자리에 맞춰 쓰고
세로로 나타냈어요.
같은 자리 숫자끼리 더해서 내려 쓰고,
같은 자리 숫자끼리의 합이 10과 같거나 크면 바로 윗자리로
받아올렸어요.

매번 그림을 그려서
구하는 방법은 시간이
너무 오래 걸려!

일의 자리, 소수 첫째 자리에 맞춰 쓰고
세로로 나타냈어요.
같은 자리 숫자끼리 더해서 내려 쓰고,
같은 자리 숫자끼리의 합이 10과 같거나 크면 바로
윗자리로 받아올렸어요.
소수점도 잊지 않고 같은 자리에 내려 찍어주세요.

$$\begin{array}{rc} & 1 \\ & 2.3 \\ + & 1.7 \\ \hline & 4.0 \end{array}$$

일의 자리 소수 첫째 자리

소수 첫째 자리

$$\begin{array}{rc} & 1 \\ & 2.3 \\ + & 1.7 \\ \hline & 0 \end{array}$$

일의 자리

$$\begin{array}{rc} & 1 \\ & 2.3 \\ + & 1.7 \\ \hline & 4.0 \end{array}$$

같은 자리 숫자끼리
더하여 합이 10이거나
10보다 큰 경우 윗자리로
1을 받아올림해.

① 소수점끼리 자리를 맞추어 써요.
② 같은 자리 숫자끼리 더해요.
③ 소수점을 그대로 내려 찍어요.

07 소수 두 자리 수의 덧셈

끄응.
시무룩
죠배야,
집에 있었구나.
우리 놀이터에
놀러 가자.
지금은 안 돼.
지금 수학 문제
푸는 중이야.
오잉? 왜?

● 무엇을 배울까요? 여러 가지 방법으로 소수 두 자리 수끼리의 덧셈을 할 수 있게 합니다.
세로로 소수 두 자리 수 범위 내에서의 덧셈을 할 수 있게 합니다.

● 언제 배울까요? 초등학교 4학년 2학기 분수의 덧셈과 뺄셈, 소수의 덧셈과 뺄셈 단원에서 배워요.

수학 문제?
이걸 풀어야
놀 수 있다고.
끙
그거였어?
진작 얘길하지!
내가 도와줄게.
찡긋
정말?

응.
얼른 풀고
놀이터 가자!
알았어!
번쩍
도대체
어떤 문제야?
소수 두 자리수의
덧셈 문제인데
너무 어려워.
소수 두 자리수의
덧셈 문제?
좋아!
내가 풀어 볼게.
번쩍

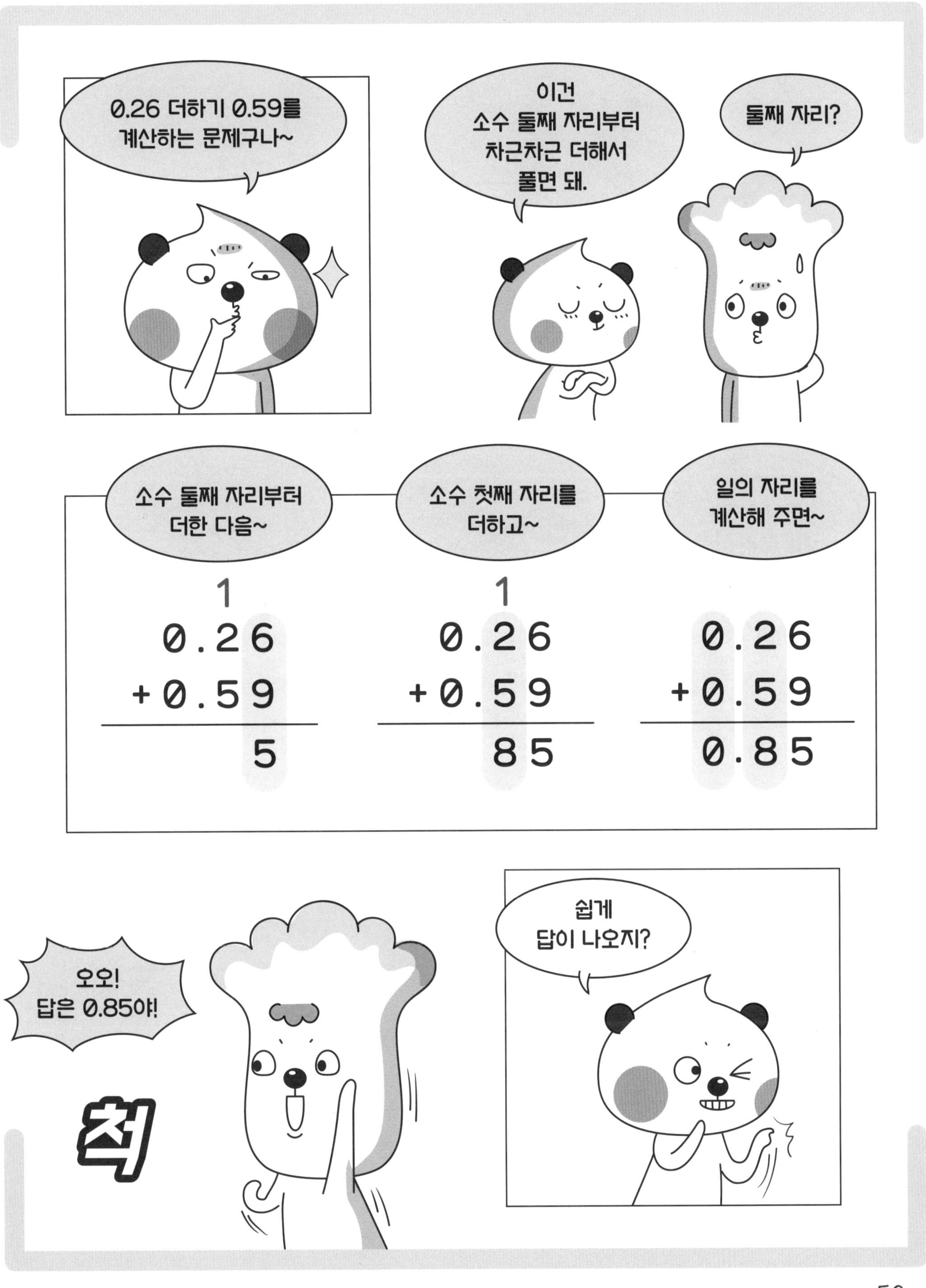
0.26 더하기 0.59를 계산하는 문제구나~
이건 소수 둘째 자리부터 차근차근 더해서 풀면 돼.
둘째 자리?
소수 둘째 자리부터 더한 다음~
소수 첫째 자리를 더하고~
일의 자리를 계산해 주면~
1 0.26 +0.59 5
1 0.26 +0.59 85
0.26 +0.59 0.85
오오! 답은 0.85야!
척
쉽게 답이 나오지?

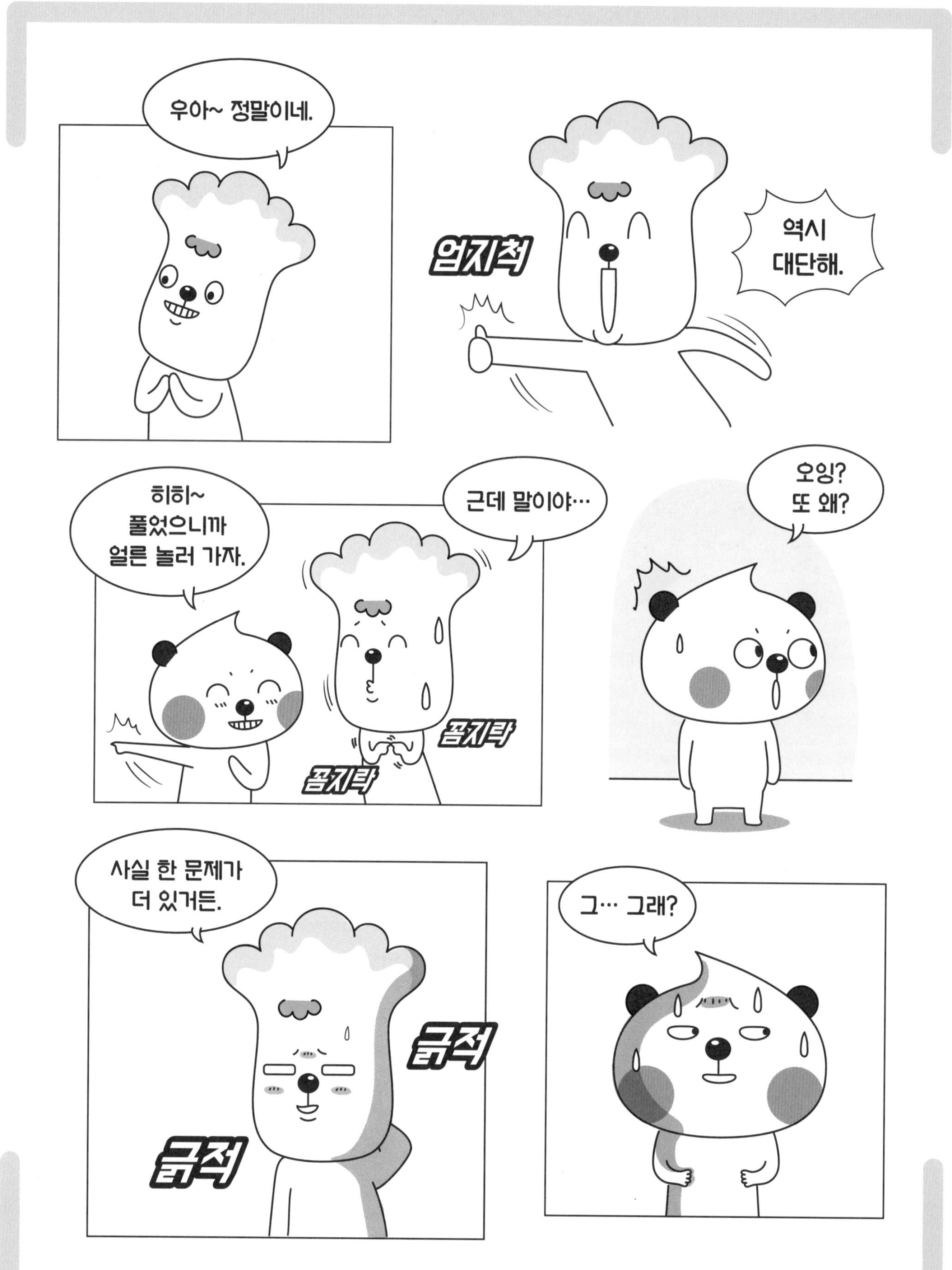

우아~ 정말이네.
엄지척
역시 대단해.
히히~ 풀었으니까 얼른 놀러 가자.
근데 말이야…
꼼지락
꼼지락
오잉? 또 왜?
사실 한 문제가 더 있거든.
긁적
긁적
그… 그래?

좋아.
이것도 풀어 줄게.
쓱싹
쓱싹
다 풀었어!
이제 놀러 가자.
너!
또 왜 그런 표정을
짓는 거야?
실은 말이야.
한 문제가 또 더 있어.
꼼지락
꼼지락
실은 말이야.
20 문제 남았어.
히히~
다 풀어 줄 거지?
솔직히 말해.
몇 문제 남았어?
부들
부들
그냥
혼자 놀러 갈게.

소수 두 자리 수의 덧셈

▶ 소수 두 자리 수의 덧셈은 자연수의 덧셈과 같은 방법으로 자리를 맞춰 써서 세로로 나타내 구할 수 있습니다.

자연수의 덧셈과 같은 방법으로 자릿수가 다른 소수의 덧셈도 할 수 있어요.

0.23+0.38을 수직선에 나타내 알아볼까요?

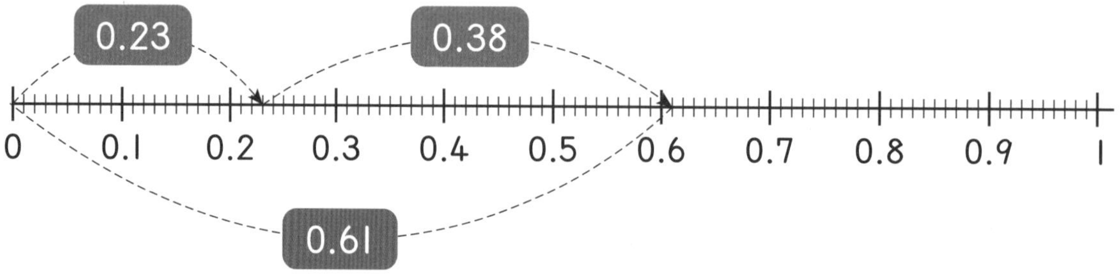

0.23
0.38
0 0.1 0.2 0.3 0.4 0.5 0.6 0.7 0.8 0.9 1
0.61

수직선에 0.23을 나타내고 이어서 0.38만큼 더 간 곳을 찾으려면 조금 시간이 걸려요.

세로셈으로 나타내 알아볼까요?

소수 둘째 자리

$$\begin{array}{r} {\scriptstyle 1}\\ 0.23\\ +\ 0.38\\ \hline 1 \end{array}$$

소수 첫째 자리

$$\begin{array}{r} {\scriptstyle 1}\\ 0.23\\ +\ 0.38\\ \hline 61 \end{array}$$

일의 자리

$$\begin{array}{r} 0.23\\ +\ 0.38\\ \hline 0.61 \end{array}$$

세로로 자리를 맞춰 쓰고
소수 둘째 자리부터 차례로 더해요.

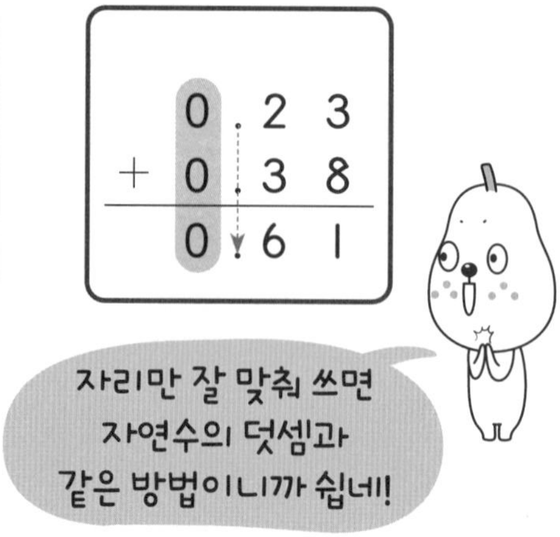

자리만 잘 맞춰 쓰면
자연수의 덧셈과
같은 방법이니까 쉽네!

소수 한 자리 수와 소수 두 자리 수의 덧셈도 할 수 있을까요?

0.3+0.72

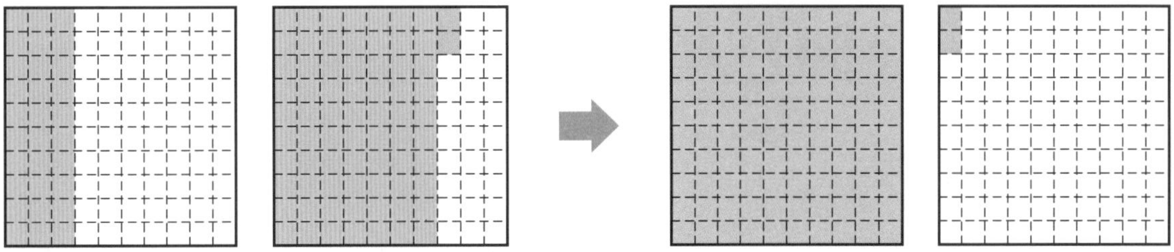

0.3 0.72 1.02

작은 모눈 한 칸은 0.01을 나타내요.
0.3은 작은 모눈 30칸, 0.72는 작은 모눈 72칸이에요.
두 수를 모으면 큰 사각형 1개가 다 채워지고 작은 모눈 2칸이 색칠되어 모두 102칸이에요.

세로셈으로 나타내 알아볼까요?

자릿수가 다른 두 소수의 덧셈을 할 때는 자리를 맞추는 데 더 주의해야 해요.
0.3=0.30이므로 소수 둘째 자리의 덧셈은 0과 2를 더한 것과 같아요.

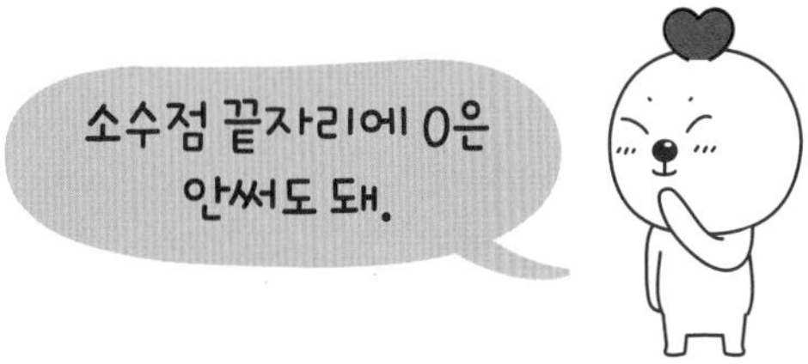

08 소수 한 자리 수의 뺄셈

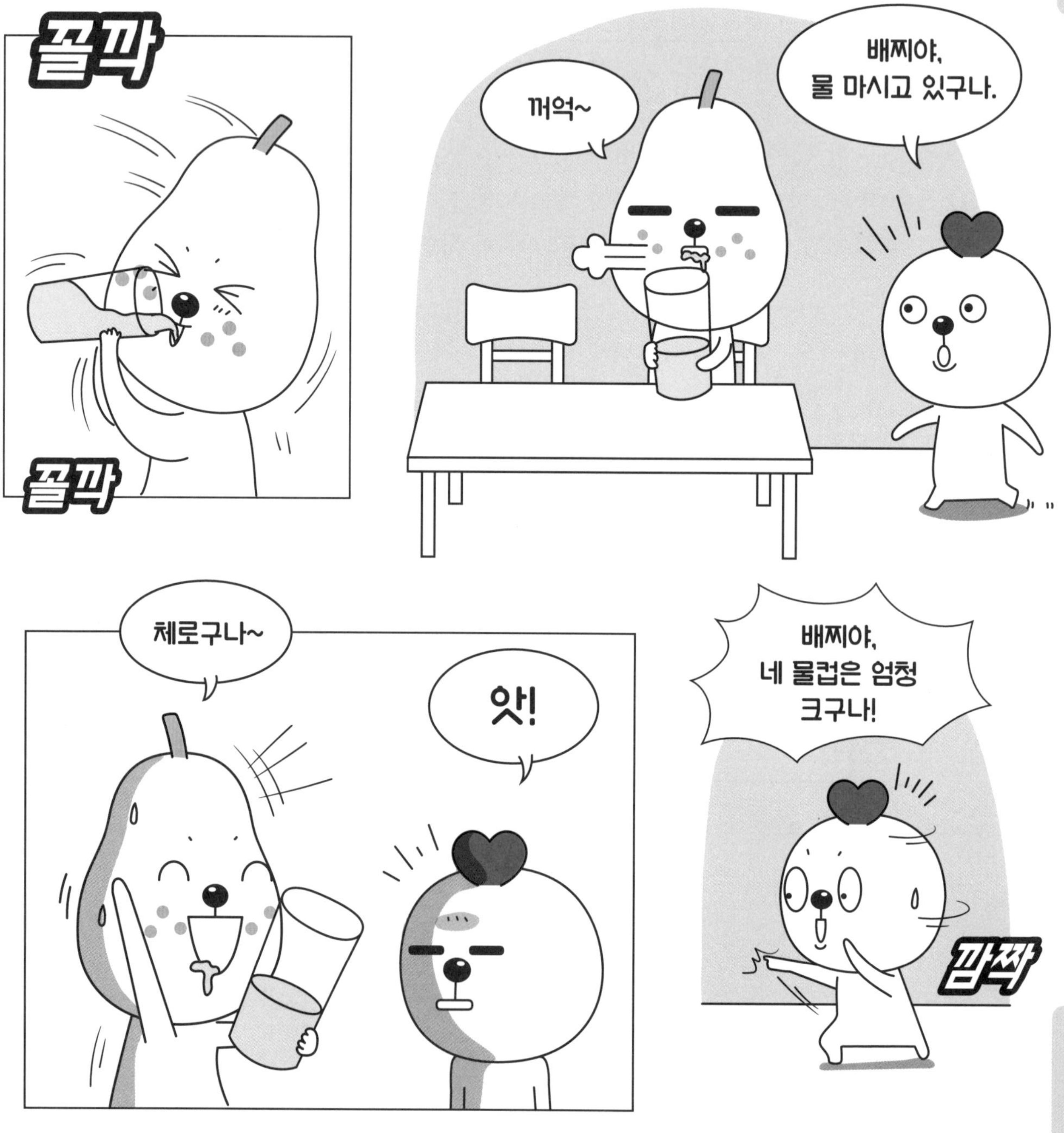
꼴깍
꼴깍
꺼억~
배찌야,
물 마시고 있구나.
체로구나~
앗!
배찌야,
네 물컵은 엄청
크구나!
깜짝

● 무엇을 배울까요? 여러 가지 방법으로 소수 한 자리 수끼리의 뺄셈을 할 수 있게 합니다.
세로로 소수 한 자리 수끼리의 뺄셈을 할 수 있게 합니다.

● 언제 배울까요? 초등학교 4학년 2학기 분수의 덧셈과 뺄셈, 소수의 덧셈과 뺄셈 단원에서 배워요.

응. 어제 책에서 읽었는데 물을 많이 마셔야 건강해진대.
척
정말?
깜짝
그럼~ 물을 많이 마시면 체중 조절에도 좋고 피부도 좋아진다고 말이야. 히히~
방긋
그렇구나~
활짝

그래서
물을 많이 마시고
있는 중이야.
씨익
아침부터 계속
마시고 있어.
궁금
오늘은
물을 얼마나 마셨어?
궁금
한번
계산해 볼까?
응!
이 컵에 원래 2.5 L의
물이 들어 있었어.
2.5 L
척

그런데 지금은 1.3 L가 남았어.
1.3 L
그럼 배찌는 오늘 물을 얼마나 마신 거지?
곰곰
곰곰
2.5에서 1.3을 빼면~
2.5
- 1.3
1.2
앗! 1.2 L의 물을 마셨구나~
우아~ 그렇게나 많이?
깜짝
오늘 정말 물을 많이 마셨구나.
활짝

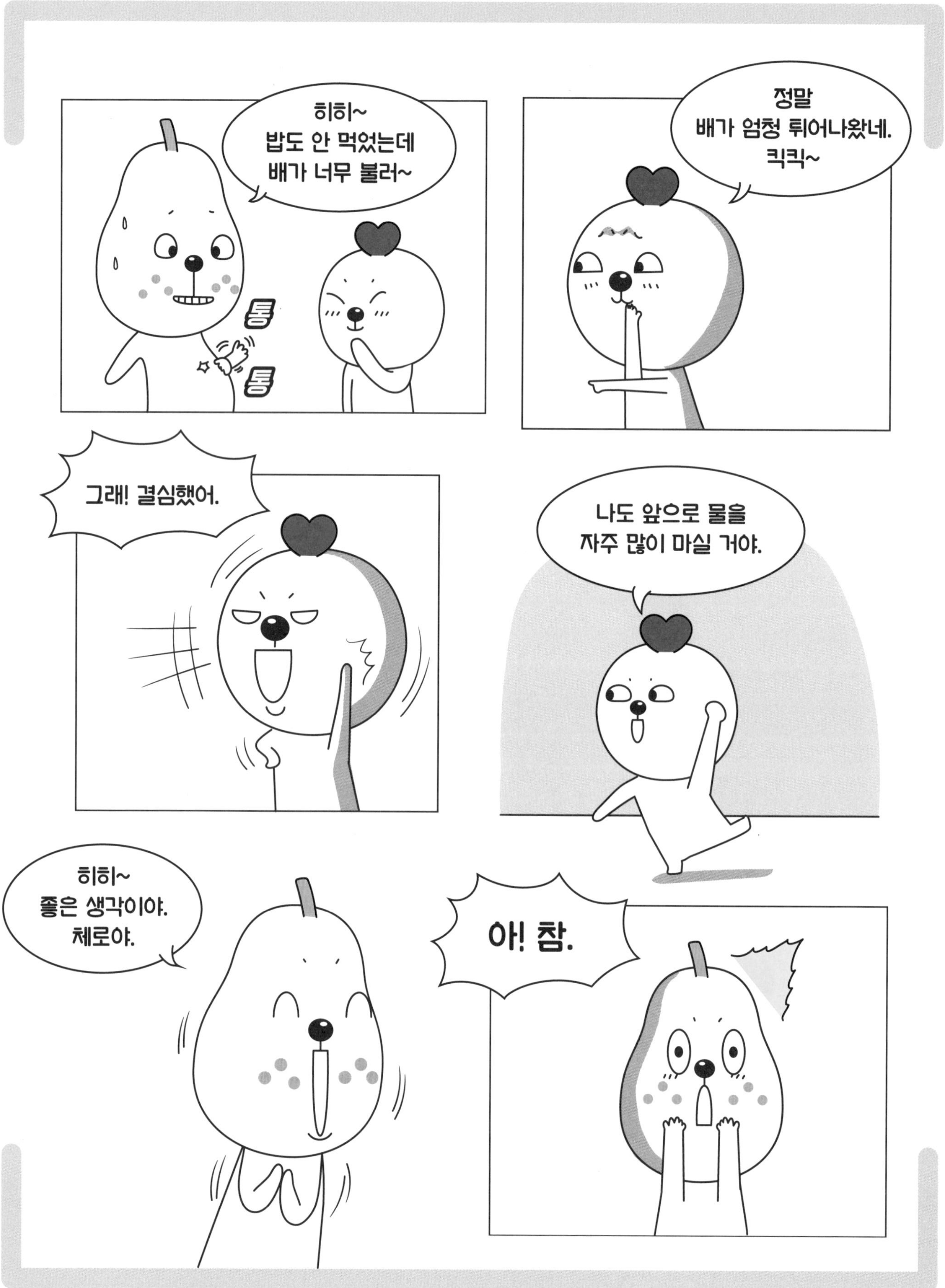
히히~ 밥도 안 먹었는데 배가 너무 불러~
통
통
정말 배가 엄청 튀어나왔네. 킥킥~
그래! 결심했어.
나도 앞으로 물을 자주 많이 마실 거야.
히히~ 좋은 생각이야. 체로야.
아! 참.

근데 체로야.
응?
물을 많이 마시면 단점도 있어.
단점이 있다고?
깜짝
그… 그게 뭔데?
걱정
걱정
그건 말이야.
시도 때도 없이 오줌이 마렵다는 거야! 흐익! 화장실!
쌔앵
킥킥. 건강해지려면 그 정도는 달게 받아들여야지~

소수 한 자리 수의 뺄셈

▶ 소수 한 자리 수의 뺄셈은 자연수의 뺄셈과 같은 방법으로 자리를 맞춰 써서 세로로 나타내 구할 수 있습니다.

소수 한 자리 수가 0.1이 몇 개인지로 나타내서 뺄셈을 할 수 있어요.

1.5-0.8을 그림을 그려 알아볼까요?

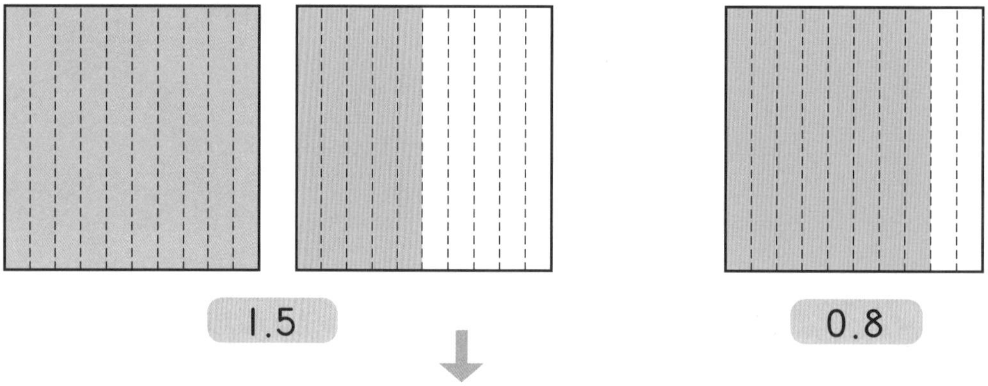

1.5
0.8

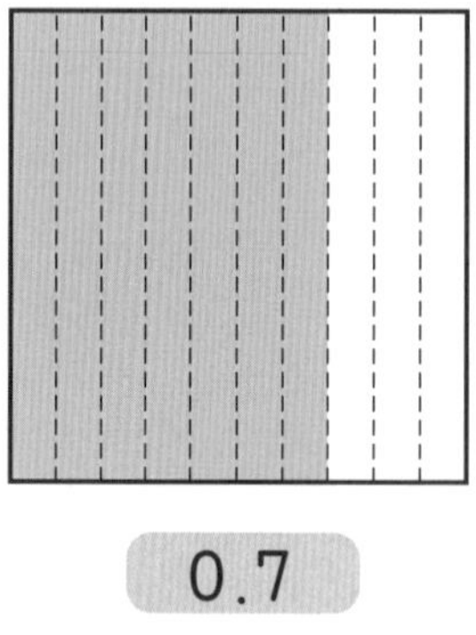

0.7

소수 한 자리 수니까 0.1이 몇 개인지로 세어 볼 수 있겠구나!

1.5는 0.1이 15개, 0.8은 0.1이 8개인 수예요.
두 수를 빼면 0.1이 7개이므로 0.7이 돼요.

3.5-1.6을 세로셈으로 나타내 볼까요?

35－16을 계산했던 것을 떠올려 보세요.

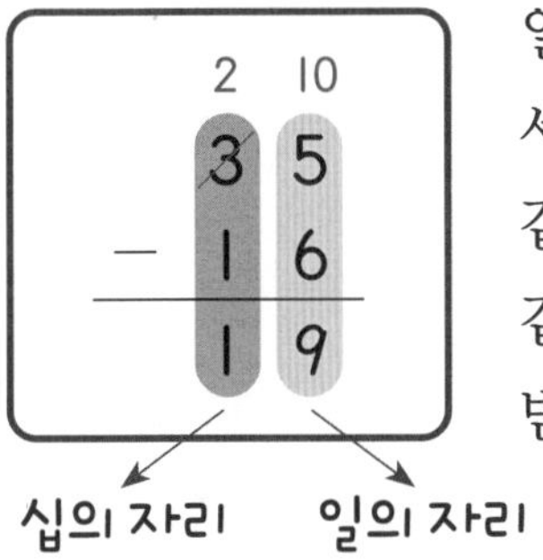

일의 자리, 십의 자리에 맞춰 쓰고
세로로 나타냈어요.
같은 자리 숫자끼리 빼서 내려 쓰고,
같은 자리 숫자끼리의 뺄 수 없으면 바로 윗자리에서 10을
받아내려 계산했어요.

일의 자리, 소수 첫째 자리에 맞춰 쓰고
세로로 나타냈어요.
같은 자리 숫자끼리 빼서 내려 쓰고,
같은 자리 숫자끼리의 뺄 수 없으면
바로 윗자리에서 10을 받아내렸어요.
소수점도 잊지 않고 같은 자리에 내려 찍어주세요.

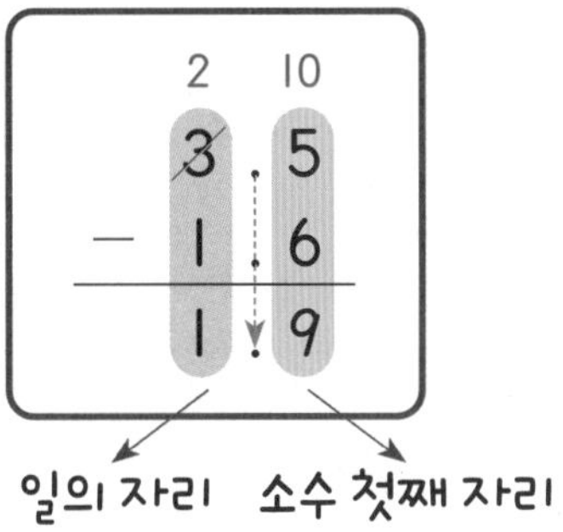

소수 첫째 자리

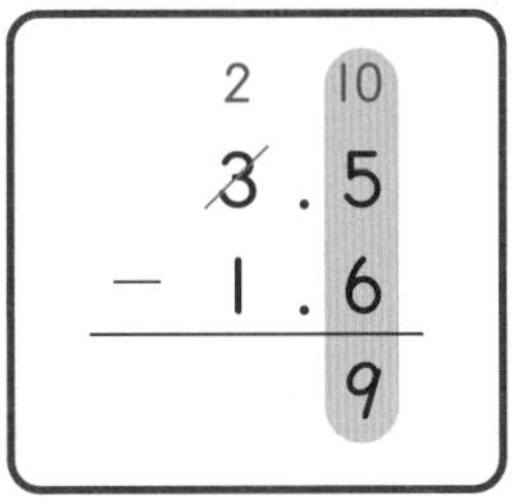

일의 자리

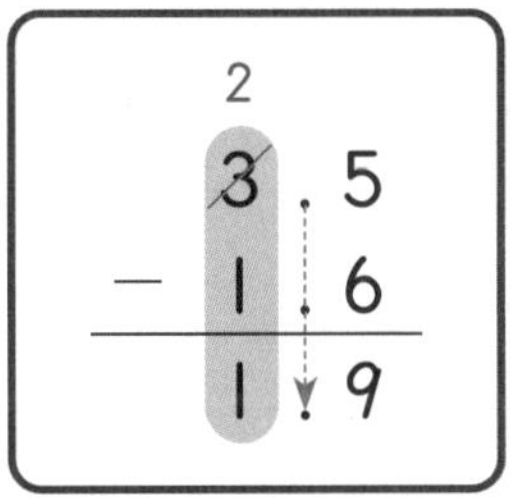

① 소수점끼리 자리를 맞추어 써요.
② 같은 자리 숫자끼리 빼요.
③ 소수점을 그대로 내려 찍어요.

09 소수 두 자리 수의 뺄셈

흐잉~
오잉?
죠배야,
왜 울상이야?
앗!
저건 수학 문제집이잖아.
깜짝
너,
또 수학 문제가 어려워서
그렇게 울상인 거지?

● 무엇을 배울까요? 여러 가지 방법으로 소수 두 자리 수끼리의 뺄셈을 할 수 있게 합니다.
세로로 소수 두 자리 수 범위 내에서의 뺄셈을 할 수 있게 합니다.

● 언제 배울까요? 초등학교 4학년 2학기 분수의 덧셈과 뺄셈, 소수의 덧셈과 뺄셈 단원에서 배워요.

역시 토리는
눈치가 빠르다니까~
저번엔 덧셈이었지만
이번엔 뺄셈이야.
뺄셈이 더 어려워.
긁적
긁적
소수 두 자리 수의
뺄셈이라…
토리야, 이번에도
같이 좀 풀어 줄래?
이번엔 안 돼.

뭐라고?
이번에도 나를 속이고 내가 다 풀게 하려는 거지?
버럭
아니거든. 너무해!
두 번은 안 속아!
흠. 어쩔 수 없군.
이번에 같이 도와주면 부엌에서 맛있는 샌드위치 만들어 주려고 했는데…

엥?
쵸배야,
이 문제는 말이야.
이렇게 푸는 거야.
획
샤샤
척
킥킥~
역시 샌드위치를 제일
좋아하는 토리라니까~
씨익
이건
0.45 빼기 0.18이니까
소수 두 자리 수의
뺄셈이야.
이것도 차근 차근
소수 둘째 자리부터
빼서 풀면 돼.

소수 둘째 자리부터 뺀 다음~

$$\begin{array}{r} 3\ 10 \\ 0.\not{4}\ 5 \\ -0.1\ 8 \\ \hline 7 \end{array}$$

소수 첫째 자리를 빼고~

$$\begin{array}{r} 3 \\ 0.\not{4}\ 5 \\ -0.1\ 8 \\ \hline 2\ 7 \end{array}$$

일의 자리를 계산해 주면~

$$\begin{array}{r} 0.4\ 5 \\ -0.1\ 8 \\ \hline 0.2\ 7 \end{array}$$

답은 0.27이야.
오옷! 그렇구나.
어때? 쉽지?
척
이 다음 문제도 풀어 볼게.
척
이건 이게 답이고~
이건 이게 답이야.
쓱싹
쓱싹
쵸배야, 나머지도 다 풀었어!
번쩍
휙
오잉? 쵸배야?
휙

쵸배가 어디 갔지?
궁금
맞아!
아까 샌드위치를
먹을 거라고 했지?
깜짝
샌드위치 만들러
부엌에 갔나 보네~
기대
기대
샌드위치 정말 맛있겠다.
히히~
활짝
오잉? 책상에
웬 쪽지가?
토리야,
쵸배인데 배찌네 집에
게임하러 먼저 가 있을게.
다 풀면 너도 와. ^^
크윽~
또 속았어!
부들
부들
파악

소수 두 자리 수의 뺄셈

▶ 소수 두 자리 수의 뺄셈은 자연수의 뺄셈과 같은 방법으로 자리를 맞춰 써서 세로로 나타내 구할 수 있습니다.

자연수의 뺄셈과 같은 방법으로 자릿수가 다른 소수의 뺄셈도 할 수 있어요.

0.86-0.49를 구해 볼까요?

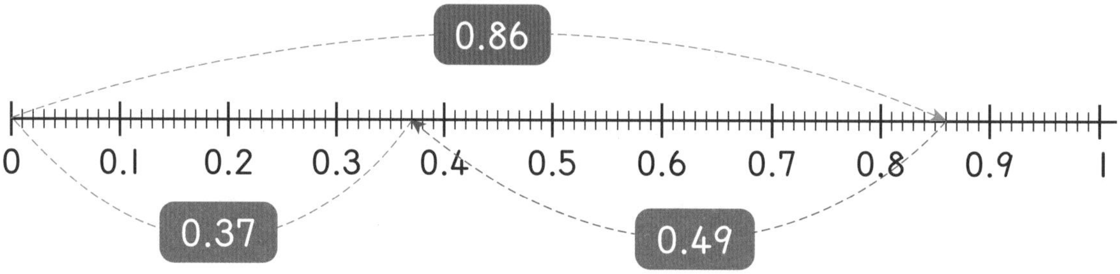

수직선에 0.86을 나타내고 이어서 0.49만큼 되돌아 간 곳을 찾으려면 조금 시간이 걸려요.

세로셈으로 나타내 알아볼까요?

소수 둘째 자리

$$\begin{array}{r} {\scriptstyle 7\ 10} \\ 0.\not{8}\,6 \\ -\ 0.4\,9 \\ \hline 7 \end{array}$$

소수 첫째 자리

$$\begin{array}{r} {\scriptstyle 7} \\ 0.\not{8}\,6 \\ -\ 0.4\,9 \\ \hline 3\,7 \end{array}$$

일의 자리

$$\begin{array}{r} 0.8\,6 \\ -\ 0.4\,9 \\ \hline 0.3\,7 \end{array}$$

세로로 자리를 맞춰 쓰고
소수 둘째 자리부터 차례로 빼요.

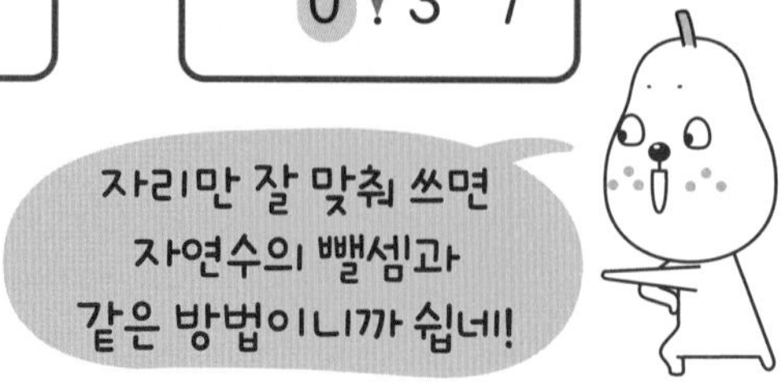

소수 한 자리 수와 소수 두 자리 수의 뺄셈도 할 수 있을까요?

1.2−0.64

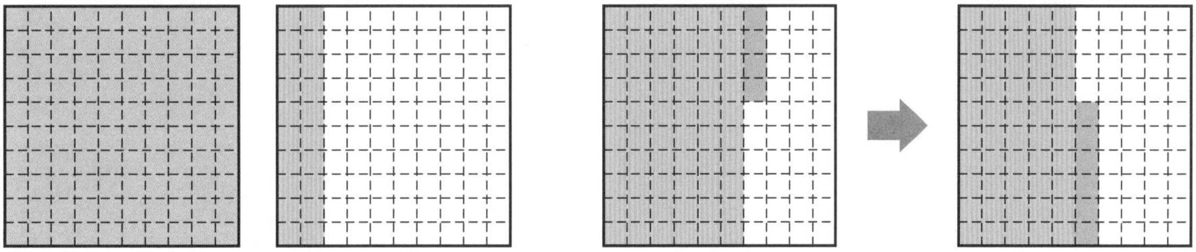

1.2 0.64 0.56

작은 모눈 한 칸은 0.01을 나타내요.
1.2는 작은 모눈 120칸, 0.64는 작은 모눈 64칸이에요.
120칸에서 64칸을 빼면 56칸이에요.

세로셈으로 나타내 알아볼까요?

자릿수가 다른 두 소수의 뺄셈을 할 때는 자리를 맞추는 데 더 주의해야 해요.
1.2=1.20이므로 소수 둘째 자리의 뺄셈은 0에서 4를 뺄 수 없으므로
소수 첫째 자리에서 10을 받아내려 계산한 것과 같아요.

★ 대한민국 초딩이 알아야 할 모든 지식 ★
또래퀴즈
우리 아이 척척박사 만들기
프로젝트
초등학생을 위한 지식 퀴즈 백과
또래 퀴즈
호기심 퀴즈 백과
서로 묻고 답하며 두뇌&지식이 쑥쑥!
이젠교육
또래 퀴즈 호기심 퀴즈 백과
스프링북 | 정가 10,000원
한 손에 들고 다니면서 친구들이랑 맞히기 해요!
16 맛있는 음식을 보면 왜 침이 고일까요?
그림, 힌트를 보면서 풀면 이해하기 쉬울 거예요!
초등 지식을 퀴즈, 해설과 함께 재미있게 익혀요!
스프링 제본으로 책장을 편하게 넘길 수 있어요!
세계 퀴즈 백과
인물 퀴즈 백과
과학 퀴즈 백과
호기심 퀴즈 백과
사회·문화 퀴즈 백과
상식 퀴즈 백과
한국사 퀴즈 백과
신기한 퀴즈 백과
COMING SOON
다음 시리즈도 곧 만나볼 수 있어요!
또래 퀴즈 백과 시리즈
세계 퀴즈 | 인물 퀴즈 | 과학 퀴즈 | 호기심 퀴즈 |
사회·문화 퀴즈 | 상식 퀴즈 | 한국사 퀴즈 | 신기한 퀴즈
이젠교육
EZEN EDUCATION